JN193234

(a) ヘルム・ルーフ

(b) 光の6角錐

口絵1　多面体の切断

(a) ヴォールト（円筒形天井）［楕円］

(b) 門松［楕円］

口絵2　円柱の切断

(a) コーヒー・ドリッパー［楕円］

(b) 光の円錐［双曲線］

口絵3　円錐の切断

(a) キューブ・ハウス（ロッテルダム，オランダ）

口絵 4　多面体の相貫

(b) 五稜郭奉行所（函館）

(a) 煙突

(b) グローイン・ヴォールト（交差式円筒形天井）
口絵 5　円柱の相貫

2

(a) ティーバッグ

(b) 4脚ブロック

口絵6　正4面体の応用

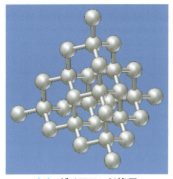

(c) ダイアモンド格子

(a) 面心立方格子

(b) 立体トラス

口絵7　正4面体と正8面体による空間充填

(a) ランプシェード

(b) シドニー・オリンピック閉会式メインステージ

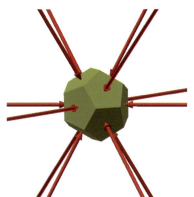

(c) 核融合実験装置（大阪大学レーザー科学研究所 "激光 XII"）

口絵 8　正 12 面体の応用

（一般財団法人ふじよしだ観光振興サービス 提供）

(a) 核探知衛星 "ヴェラ"（NASA）　　　(b) 富士山レーダードーム館（富士吉田）

口絵 9　正 20 面体の応用

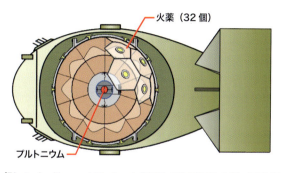

火薬（32 個）

プルトニウム

（Photo by Howard Morland, 2007, CC BY-SA 3.0）より改変

(a) サッカーボール　　　　　　　　(b) 長崎型原爆

口絵 10　切頭 20 面体の応用

5

（株式会社東京歯車工業 提供）

(a) はすば歯車　　　　　　　　　　(b) オロイド

口絵 11　接線曲面／接平面包絡面の応用

（a）星海音楽庁（広州，中国）

（Photo by Felipe Gabaldón, 2010, CC BY 2.0）
（b）オーシャン・グラフィックス（バレンシア，スペイン）

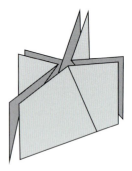

（Photo by Kakidai, 2012, CC BY-SA 3.0）より改変
（c）東京カテドラル聖マリア大聖堂（東京）

口絵12　双曲放物面の応用

（足立豊氏 提供）
(a) ねじ

（設計：北島建築設計事務所）
(b) らせん階段

(c) ファン

口絵 13　らせん面の応用

(Photo by 663highland, 2006, CC BY-SA 3.0)
(a) 神戸ポートタワー（神戸）

(b) 鼓門（金沢）

(c) 椅子

口絵 14　単葉双曲回転面の応用

7

口絵 15　錐状面の応用

(a) パラボラアンテナ　　　　　　　　　(b) 電灯の笠

口絵 16　回転放物面の応用

(日産自動車株式会社 提供)
(a) 自動車

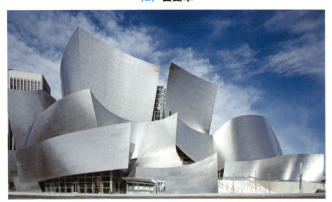

(b) 建物（ディズニー・コンサートホール，ロサンゼルス，米国）

口絵 17　自由曲面の応用

ライブラリ工学基礎＝1

工学基礎 図学と製図

［第3版］

磯田 浩／鈴木賢次郎 共著

サイエンス社

サイエンス社のホームページのご案内
http://www.saiensu.co.jp
ご意見・ご要望は　rikei@saiensu.co.jp　まで.

第3版へのまえがき

　本書「図学と製図」は，2001 年の改訂以来，版を重ね，既に十数年が経過した．この間の図学授業の経験を踏まえ，この度，以下の3点を中心に改訂を行った．

　まず，第一の改訂点は，新たにカラー口絵の頁を設け，図学の応用例を示したことである．図学は，もともとは図法幾何学の略語であり，幾何学の一種である．しかし，しばしば，もの造りの幾何学と言われているように，その学習においては，たんに数学としての幾何学を学ぶだけでなく，幾何学がどのようにもの造りに応用されているかを知ることが重要である．カラー口絵に示した応用例を参照することにより，図学が如何にもの造りに応用されているかを理解してほしい．

　第二の改訂点は，いくつかの章に「コラム欄」を設け，例えば，目で見る像と投影像の類似点と相違点，正多面体はなぜ5種類しかないかなど，従来の図学の教科書にはあまり記載のなかった事項を取り上げたことである．コラムにおいて記載した事項は，本文の記載事項を理解するのに必須なことではない．読者が自らの興味に応じて参照することにより，図学についての理解と興味を深めていただければと考えている．

　第三の改訂点は，CG/CAD に関する章を割愛した点である．CG/CAD は，近年，急速に社会に普及し，それに伴い，大学等においても，従来の図学授業とは別に新たな授業が設けられることも多くなり，

　　　　鈴木賢次郎 他著 『3D-CAD/CG 入門』(サイエンス社)

など，これらの授業に向けた教科書も世に出ている．CG/CAD に関する記載はこれらに譲り，その代わりに「正多面体・準正多面体」の章を設けた．

　その他，今回の改訂に当たり，説明用の例題などを見直した．

　本書の学習を通して，1 人でも多くの読者が"図とかたち"の重要性と面白さを感じてくれれば幸いである．

　　2018 年6 月　　　　　　　　　　　　　　　　　　**著　者**

新訂版へのまえがき

　本書「図学と製図」は，1984年の発刊以来増刷を重ね，2000年には23刷，累計4万部以上が世に出た．まずは，多くの読者を得たことに感謝したい．このたび，出版社の勧めもあって版を改めるに際し，以下の3点について改訂を行った．

　まず，第一の改訂点は，図版に色刷りを採用したことである．図学，および，製図においては，最終的には色を用いず，線の太さおよび種類によって，図を表現する．しかし，初学者にとって，これらの図を理解するのは決して容易なことではない．そこで，二色刷りを採用することによって，わかりやすくするよう心掛けた．

　第二の改訂点は，コンピュータによる作図に関する部分（第8章）を全面的に書き換えたことである．初版以来17年が経過し，この間のコンピュータによる図形処理・表現技術の発展は著しく，特に，設計製図分野においては3次元CADが急速に普及しつつある．このような新技術に対応するため，第8章を，従来のプログラミングによる作図から，市販3次元CADを使用した図形の生成・表示へと，全面的に書き換えた．なお，旧来のプログラミングの部分は付録にまわしてある．

　第三の改訂点は，別冊として，「演習図学と製図」（磯田・鈴木共著）を用意したことである．図学の学習にあたっては，何よりも，実際に自分の手を動かして作図することが重要である．本書には，各章に演習問題を用意してあるが，このなかから，基本的な問題を精選し，演習帳として発刊した．本書と併せて使用することにより，よりいっそう学習効果が高まるものと期待している．

　コンピュータによる図形処理・表現技術の普及により，図はいっそう広く用いられるようになってきている．本書の学習を通して，一人でも多くの読者が，"図とかたち"の面白さを感じてくれれば，著者としてこれに勝る喜びはない．

　本書の改訂にあたり，資料を提供いただいた堤江美子氏に感謝の意を表する．

2001年3月　　　　　　　　　　　　　　　　　　　　　　　**著　者**

ま え が き

　本書は，工業高専，短大，大学における，技術基礎教育のための図学の教科書として書かれたものである．

　最近の高校以下の教育の中で，具象的な物・形を取り扱うことが少なくなってきていることもあって，専門基礎としての，立体の図的表現とその図的解析との教育を担当する，図学の比重は大きくなってきている．しかしまた，一方では，コンピュータの導入によって，図形科学の分野でも，従来の手作業では困難であった図形処理のうちのいくつかが，容易にできるようになってきた．そこで，図学においても，従来の手法に加えて，コンピュータに指令を与えられる正しい図形・立体の認識を養うこと，また手段としてのコンピュータの使用法を教育の中にとり入れることを考える必要があろう．

　この観点から，本書では，図形を処理するときの基本論理である図法幾何学を新しく練りなおし，設計・計画の基礎となりうるように，とくに抽象的表現を避け，具体的な事例を用いてわかりやすく教えることを目的として書かれている．本書における配列は，最初に実際の物を正しく図に表現するにはどうすればよいかを，次に，図から実物を製作するのに必要な図形情報を得るにはどうするかという順序になっている．それぞれ，手法別に配列してあるが，そのなかでは手段としてコンピュータを用いる場合のことも念頭において整理されている．手で描いても，コンピュータを用いても，図形処理の論理の基本は図法幾何学であることには変りがないので，章立ては図法幾何学に沿って書かれ，最後の章に，コンピュータを用いる作図法の実際と，3次元図形処理の基本とが具体的に詳述してある．

　本書を半年間（週1回，90分）での授業に用いるときは，基本的には，第2，3，4，5章を中心とし，第1章は必要に応じて参照すればよい．第6章は曲面について，第7章は立体の具象的表現法（テクニカル・イラストレーションの基礎）について述べてあり，それぞれの目的に応じての追加が可能である．

第8章は前に述べたように，コンピュータによる3次元図形処理の基礎となる分野である．

　図学の学習には，それが手作図であれ，コンピュータを用いた作図であれ，実際に図として表現してみることがきわめて重要である．そこで本書では，各章ごとに練習問題と製図課題が設けてある．練習問題は，本文で取り扱った基本的な問題を，くりかえし習熟することに主眼をおいて選んである．また，実際の設計・製図に現われる立体は複雑な形状をしているので，それらがここに学んだ基本立体の組み合わせであることを理解してもらう目的と，実用的な物になれてもらうために，応用的な問題も組み合わせてある．これらには，注，製図例をのせておいたので，それらを参考に実際に作図してみることを強くすすめたい．なお，これらの問題，課題はすべてA4判の用紙におさまるようになっている．

　本書では，基礎に内容を絞ったため，従来の図法幾何学で取り扱ったものの中で省略したものがある．コンピュータ図形処理についても同様であるので，更に進んで学習を希望するものは，次の文献を参考にされたい．

　　磯田　浩　「第3角法による図学総論」（養賢堂）

　　磯田　浩　「第3角法による図学演習」（東京大学出版会）

　　佃　　勉　「機械図学」（新編機械工学講座5，コロナ社）

　　玉腰芳夫・長江貞彦　「基礎図学」（共立出版）

　　原　正敏　「第3角法による板金展開法」（昭晃堂）

　　田嶋太郎編「コンピュータ図学」（コロナ社）

　　長江貞彦　「コンピュータ図形処理」（共立出版）

　　Roy E. Myers「Microcomputer GRAPHICS」(Addison Wesley，啓学出版)

　本書を編むにあたり，資料を提供いただいた長島忍氏，堤江美子氏，及び東京大学教養学部の学生諸君に感謝の意を表する．

1983年12月　著　　者

目　次

1

図のかき方と
平面図形

1.1 製図用具

❶製図用具

　現在，いろいろの製図用具が市販されているが，ごく特殊な場合を除いては，次にあげる用具だけで充分である．作図法の基礎を学ぶためだけであれば，（1）〜（5）をそろえればよい．

（1）　製図用鉛筆,製図用シャープペンシル（太線用F〜H,細線用 2 H〜3 H）

（2）　消しゴム（製図用中硬度）

（3）　三角定規1組（2〜3 mm 厚，A 4 判の用紙までなら18 cm，A 3 判なら30 cm）

（4）　中または大コンパス（脚の長さ 8〜12 cm）

（5）　ものさし（製図用 30 cm）

（6）　字消し板（ステンレス製）

（7）　曲線定規（長くのびた形のもの1組）

（8）　製図板・T 定規（60×90 cm か 90×120 cm 位，T 定規は 60 cm か 105 cm）

（9）　ドラフティング・テープ（用紙固定のための粘着テープ）

　　　以上鉛筆製図用，墨入れ仕上げを行うときには

（10）　製図ペン（Rotring，Staedtler など，太さ各種）

（11）　製図用インク（所定のもの）

（12）　テンプレート（製図ペンで小さな円をかくとき，そのほか必要に応じ）

　用紙は一般製図には，ケント紙に作図するのが基本であるが，実用製作図の練習のために，トレーシング・ペーパーを用いるのも良い．

　製図用器具類は，一般に安価ではないので，選定には充分気をくばる必要がある．このような道具類は，つとめて品質のよいものを選ぶのが原則で，信用のある店で，名の通ったメーカーの品を選ぶようにしたい．セットでそろえるのも面倒がなくてよいけれど，一品ずつ，品質の特に良いものを，必要最少限度そろえるのもよい．

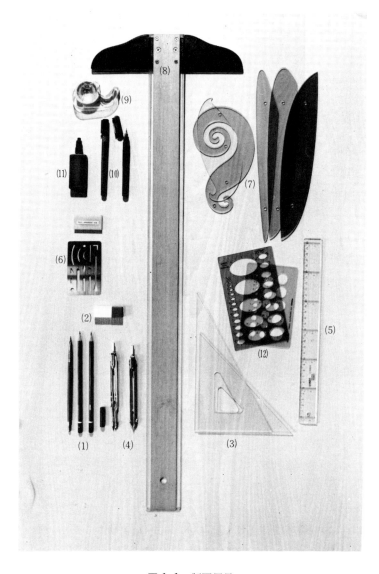

図 1. 1 製図用具

1.2 製図用具の使い方 ──────────────────

❶ 製図板と製図用紙

製図は，製図用紙（ケント紙，トレーシング・ペーパーなど）を，製図板の上に固定して，Ｔ定規を図の水平基準線として，作図するのが原則である．

用紙は，図1.2のように，製図板の左上方寄りに，用紙の上線をＴ定規の水平基準線に合わせ，上2隅をドラフティング・テープで固定する．紙は必ずしも正しい長方形でないので，下縁は水平にならないことがあるが，これはかまわない．

❷ 線の引き方

水平な直線は，一般にはＴ定規を用いて，左から右へと引く．Ｔ定規を製図板の左縁にしっかりと付け，上下にスライドさせる．

鉛筆は，紙面に垂直に立てたのち，線を引く方向（右方）にすこし傾け，指の中で鉛筆を回しながら，強く線を引く．鉛筆の回し具合は，1本の線を引くとき，大体1回転するぐらいのつもりでよい（図1.3）．

線を引く方向は，一般には傾きによらず，左から右へと引くのが常道である．垂直方向（図1.4）は，Ｔ定規の水平線を基準にして，三角定規を線の右側に付け，下から上へと鉛直線を引く．

鉛筆の傾きは，通常は進行方向にやや傾けるだけであるが，線を特に正確に引きたいときには，定規の縁を予定線にぴったりと合わせ，鉛筆の先を定規の下縁に沿わせて直線を引くとよい．

定った2点を通る直線を引くには，その一方（通常は右側の点）を鉛筆の先で押え，定規を鉛筆に付けて動かして，他方の点と合わせるのが早いし，正確でもある（図1.5）．

❸ コンパス

コンパスの鉛筆芯のとぎ方は，図1.6のように，外側から斜め1平面で切った形にするのが基本で，使い勝手によって，左右とか，裏側を少々おとすこともある．

円をかくには，次の手順による．

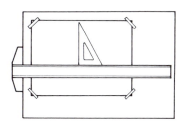

図 1.2　製図板，用紙，T定規

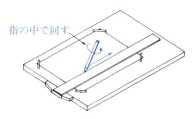

図 1.3　水平な直線の引き方

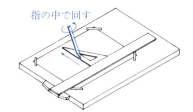

図 1.4　垂直方向の線の引き方

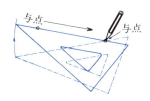

図 1.5　2点を通る直線の引き方

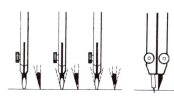

図 1.6　コンパス鉛筆先のとぎ方

（1）　中心位置を細い十字ではっきりと紙上に定める．

（2）　半径の長さは，ものさしから直接紙の上に目盛り，コンパスの開きは紙の上で合わせる．コンパスの開け閉めは，片手で操作するのが原則である．

（3）　コンパスの針先を，左手（コンパスを持っていない方の手）の指先で，正しく中心に合わせる．

（4）　軽く円をかき，直径をものさしでたしかめて，正確であれば，強く円をかきなおす．

❹　三角定規

　平行な直線は，**図 1.7** のように，1 枚の三角定規を線に合わせ，他の 1 枚をそれにぴったりとつけて，手のひらで固定し，前の三角定規を固定した定規に沿ってすべらせると，希望の位置に平行線を引くことができる．このとき，すべらせる定規は，指先でおさえ，動かすとき指をゆるめるようにする．

　任意の直線への垂線は，三角定規の直角を利用して，**図 1.8** に示すように，定規の平行移動を用いるか，90°回転かを用いて引くことができる．

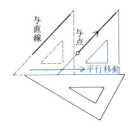

図 1.7　平行線の引き方

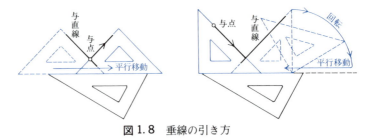

図 1.8　垂線の引き方

❺ ものさし

図面の正確さは，ものさしの使い方の上手下手によることが多い．

ものさしの上で，コンパスを直接あてて寸法をとると，ものさしの目盛りをいためるので，避けた方がよい．線の上に寸法を目盛るときには線に沿ってものさしを置き，必要な寸法のところに鉛筆でしるしをつける．

連続して寸法を目盛るときには，ものさしを動かさず，一方の端から順次加算した寸法をとるようにすると，全体としての誤差が小さくなる．

❻ 曲線定規

曲線定規を使って点を結ぶときには，はじめに結ぶ点をフリーハンドでなめらかに結ぶ．このフリーハンド線は，あとで曲線定規をえらぶときの，目安とするものだから，ていねいに，凹凸のないように結ぶよう心掛けること．

次に，曲線定規をあててみて，その中からできるだけ多くの点をカバーするものを選び出す．このとき，定規の上に乗る点の，端から端まで線を引いてしまうと，次の部分との継目で接線が一致しなくなって，かいた曲線に折目ができてしまう．したがって，曲線定規の使い方の1つのポイントとして，できるだけたくさんの点をカバーするようにすると同時に，その両端の一部は切りすてて，中央部分だけを使うようにすることが大切である．

このように，次々と，端の部分が重なるように，曲線定規を選んで，曲線をかいていくことになる．この手順を示したのが，**図1.9** である．

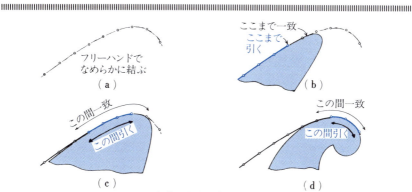

図1.9 曲線定規の用法

1.3 基礎平面図形作図 ────────────────

　図学および製図の基本である，定規とコンパスによる作図法の基礎的なものをここにあげておく．これらすべてを，考えなくても手が動くように，実際に練習をして，身につけておくこと．

❶　直　　線

ⓐ　**線分2等分**

　図1.10にあるように，線分の両端を中心とする等半径の円弧の交点を結ぶ直線が，原線分の垂直2等分線であることを利用する．

ⓑ　**線分 n 等分**

　線分 AB を n 等分するには端点Aから30°位の角度で直線 AC を引き，その上に，ものさしを利用して，n 個の等間隔の点をとる．その最後の点Cと他の端点Bとを結ぶ．各等分点から CB 線に平行線を引けば，原線分は n 等分される（図1.11）．

ⓒ　**垂　　線**

　直線 AB 外の点Pから垂線を引くには，点Pを中心に円弧をかき，AB とS，Tで交わらせる．S，Tをそれぞれ中心とする，等半径の円弧の交点Uをもとめれば，PU ⊥ AB である（図1.12）．

ⓓ　**平　面　角**

（1）　与えられた角度と等しい角度を他の位置に移すには，図1.13のように，角の辺を等しい長さで切り，その間の距離をコンパスで移す．

（2）　角の2等分は，図1.14のように，角の辺を等長で切り，それぞれの点を中心として等半径の円弧をかき，その交点と角の頂点とを結ぶ．

（3）　角を n 等分するには，角の頂点を中心とする円弧をかき，その弧の長さを，コンパスで n 等分する方法がもっとも実際的である（図1.15）．
　　　弧の長さの n 等分は，コンパスに目分量で $1/n$ をとり，端点Bから弧に順に n 個の点をとり，最後の点と他の端点Cとの差の $1/n$ を修正する．何度か試みると，2，3回のうちには正しい等分点がきめられる．

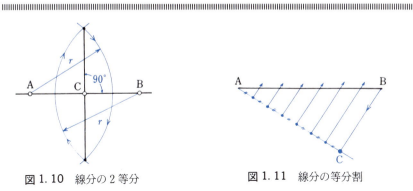

図 1.10 線分の 2 等分

図 1.11 線分の等分割

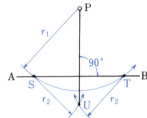

図 1.12 垂　線

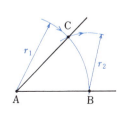

図 1.13 角の移動

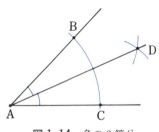

図 1.14 角の 2 等分

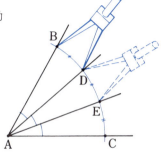

図 1.15 角の 3 等分

❷　正多角形

定規とコンパスで，正確に作図できるものとして，正 3 角形，正 4 角形，正 5 角形，正 6 角形，正 8 角形の例をあげる．

（1）　**正 3 角形と正 4 角形**とは，コンパスで 60°，90° が作図できるので簡単である．また，三角定規の 45°，60° を利用してかくことができる（**図 1.16・17**）．

（2）　**正 5 角形**の 1 辺の長さ a が定まっているとき，作図は，**図 1.18a** のように，一辺を AB とおき，AB の中点 C で垂線を立て，CD $=$ AB $= a$ にとる．AD を結んで延長し，D から先に DE $= a/2$ をとると AE $=(\sqrt{5} + 1)a/2$ となって，正 5 角形の対角線の長さである．CD の延長と，A を中心，半径 AE の弧との交点 F は，正 5 角形の頂点の 1 つとなる．A，B，F をそれぞれ中心として，半径 a の弧をかいて，その交点をもとめると，正 5 角形の頂点が定まる．

（3）　**正 5 角形**の外接円が定まっているとき，**図 1.18b** のように外接円をコンパスで直接 5 等分していく方法は，何回かの試行錯誤が必要ではあるものの，実用的な方法である．

　　　幾何学的な作図としては，**図 1.18c** のように，1 頂点 A を決め，A を通る直径 AB とそれに直交する直径 CD をひく．OD の中点 E を中心にして半径 AE の弧をかき CD との交点を H とし，AH を半径とする弧で外接円を切る（F，G）と，F，G は正 5 角形の頂点である．

（4）　**正 6 角形**は，外接円の円周を，半径の長さの弦で区切っていけばよい（**図 1.19a**）．対辺の距離を知って作図するときは，三角定規の 30° を利用する方法が便利である（**図 1.19b**）．

（5）　**正 8 角形**は，外接正方形を作り，正方形頂点を中心に，半径が対角線の半分の長さの弧で正方形の辺を切れば，それが頂点となる（**図 1.20**）．

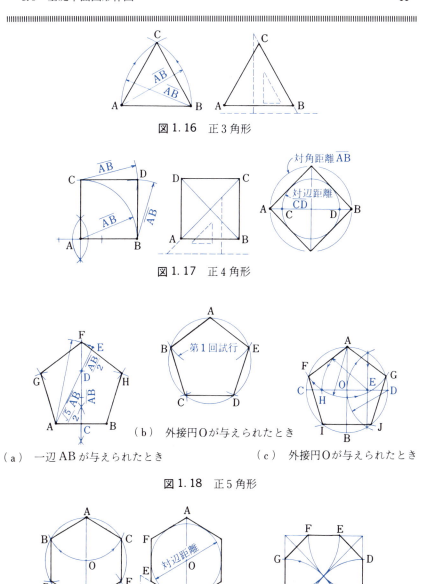

図 1.16　正 3 角形

図 1.17　正 4 角形

（ a ）　一辺 AB が与えられたとき　　　（ b ）　外接円 O が与えられたとき　　　（ c ）　外接円 O が与えられたとき

図 1.18　正 5 角形

図 1.19　正 6 角形　　　　　図 1.20　正 8 角形

❸ 円

ⓐ 円の中心

3点を通る円をかくとき，その中心は，与点を2点ずつ結ぶ線分の垂直2等分線の交点として定める（図1.21）。

ⓑ 円周の12等分

1本の直径1-7をかく。1を中心にこの円と同じ半径の円弧 $\overset{\frown}{3\,O11}$ をかき，円周との交点を3，11とする。直線3-11に平行に中心Oを通る直径4-10をつくる。1，4，7，10の点を中心とした，円と同じ半径の円弧と円周の交点を求めれば，1～12の12等分点が定まる（図1.22）。

ⓒ 円への接線

（1）円周上の1点での接線は，接点を通る半径に垂直に引く（図1.23）。

（2）円Oの外の点Pからの接線は，正確には，OPを直径とする円Qをかき，円Oの周との交点をR，Sとすると接線はPR，PSである。R，SはPからの接線の接点となる（図1.24）。

ⓓ 円弧への接線

中心のわからない円弧上の1点Aで接線を引くとき，接点Aが弧の中央近くであれば，図1.25a のようにAの両側等距離にB，Cをとると，接線Aは線BCに平行である。

接点Aが端に近いときは，図1.25b のように，弧上一方向等距離にB，C点をとり，∠CABに等しく∠BADをとれば，ADはAにおける接線である。

ⓔ 直線または他の円へ接する円弧

2直線に接する，与えられた半径(r)の円弧は，設計製図のときしばしば必要となる。この円弧の中心は，それぞれの直線から r だけ離れたところにあるので，図1.26a のように両直線から r の距離にある平行線の交点として定める。接する相手が円弧であっても，同じように，r だけ離れた同心円上に中心をとればよい（図1.26b）。

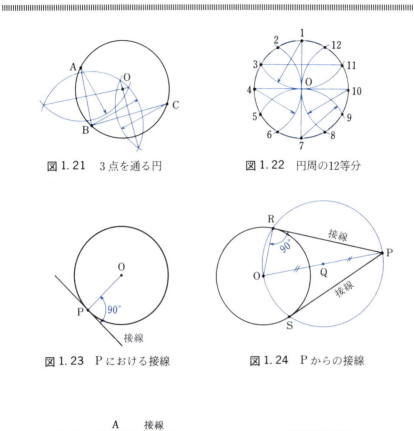

図 1.21　3点を通る円　　　　　図 1.22　円周の12等分

図 1.23　P における接線　　　　　図 1.24　P からの接線

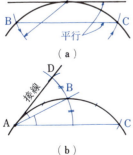

（a）

（b）

図 1.25　中心の与えられていない弧上の接線

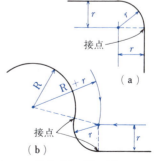

（a）

（b）

図 1.26　接　弧

ⓕ **円弧の長さと同じ長さの直線**

(1)　円弧が与えられたとき，その長さを直線の上に目盛るには，**図 1.27a** の
　　　ように，弦 AB の延長上に $\frac{1}{2}$ AB に等しく AD をとり，D を中心に，DB
　　　を半径として，点 A における弧 AB への接線を点 E で切ると，AE ≈
　　　$\widehat{AB}$.

　　　このときの誤差は中心角の小さいほど少なく，中心角 $\alpha = 30°$ で -0.01%，
　　　$\alpha = 60°$ で -0.1% である．α がこれより大きいときは誤差が大きくなる
　　　ので，弧を分割して，$\alpha < 60°$ となるようにする．

(2)　(1)と逆に，弧を与えられた長さで切りとりたいときは，**図 1.27b** のよ
　　　うに，弧の一端 A で接線 AB を引き，AB = l(与長)とする．AC = $l/4$
　　　に点 C をきめ，C を中心として，半径 CB で弧を点 D で切るとき，AD ≈
　　　$\widehat{AB}$ となる．この作図は，(1)の作図の逆作図であるので，誤差は(1)と
　　　同じであって，$\alpha < 60°$ の条件も同じである．

(3)　円周の長さを直線上にとるには，**図 1.28** にあるように，1 本の直径 AB
　　　の端 A で接線を引き，その上に∠AOC = 30° に点 C をとる．C から半径
　　　の 3 倍の長さを接線上にとって，点 D をきめると，BD ≈ $\frac{1}{2}$ 円周である．
　　　このときの誤差は -0.002% で，実用上 BD = πr と考えてよい．

　　　別法として，B における接線上に，直径の 3 倍に BE をとり，さきほど
　　　とった OC と円との交点 F の高さを OA 上に OG ととれば，GE ≈ 円周
　　　である．このときの誤差も小さく，$+0.005\%$ でしかない．

❹　**2 次曲線**

ⓐ　**2 次曲線の長軸・短軸・焦点・準線・離心率などの基本的な性質**

(1)　楕円の場合は図 1.29 にあるとおりである（$x^2/a^2 + y^2/b^2 = 1$）．
　　　離心率 $e = \sqrt{1 - b^2/a^2} = \mathrm{PF_1/PJ} = \mathrm{F_1A/AI} = \mathrm{OF_1/OA}$

(2)　双曲線の場合は**図 1.30** にあるとおりである（$x^2/a^2 - y^2/b^2 = 1$）
　　　離心率 $e = \sqrt{1 + b^2/a^2} = \mathrm{AF_1/AX}$

(3)　放物線の場合は 図 1.31 にあるとおりである．
　　　離心率 $e = 1 = \mathrm{AF/AE}$

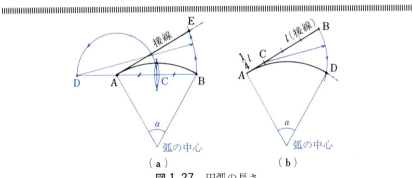

図 1.27 円弧の長さ

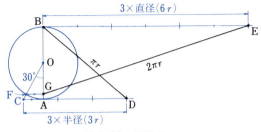

図 1.28 円周長

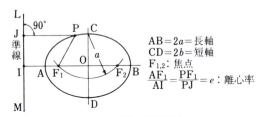

$$AB = 2a = 長軸$$
$$CD = 2b = 短軸$$
$$F_{1,2} = 焦点$$
$$\frac{AF_1}{AI} = \frac{PF_1}{PJ} = e : 離心率$$

図 1.29 楕円基本

AB＝2a＝長軸, CD＝2b＝短軸

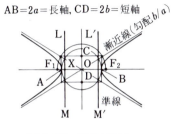

図 1.30 双曲線基本

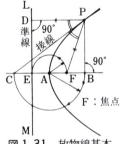

F : 焦点

図 1.31 放物線基本

ⓑ **2次曲線のかき方**

● **楕　円**

（ 1 ）　焦点法：長軸 AB と焦点 F_1，F_2 が与えられて楕円をかく方法（**図1.
32a**）．楕円では曲線上の点を P とすると $PF_1+PF_2=2a$ である．F_1O 上
に点 Q をとって，中心 F_1，半径 AQ の円と，中心 F_2，半径 BQ の円との
交点 P を求める．P は楕円上の点である．分割点 Q は F_1 に近くは密に，
O 寄りは疎にとる．

（ 2 ）　副円法：長軸 AB，短軸 CD が与えられて楕円をかく方法（**図1.32b**）．
長軸 AB，短軸 CD をそれぞれ直径とする円をかく．任意の直径が長軸円
を M，短軸円を N で交わるとすると，M から長軸に垂線を下し，N から
短軸に垂直にひいた線を P で交わらせると，P は楕円上の点である．OM
として円周の12等分線などをとればよい．

● **双曲線**

（ 1 ）　焦点法：長軸 AB と焦点，F_1，F_2 が与えられて双曲線をかく方法（**図1.
33a**）．双曲線では曲線上の点を P とすると，$PF_1-PF_2=2a$ である．AO
の延長に点 Q をとって，中心 F_1，半径 BQ の円と，中心 F_2，半径 AQ の
円との交点 P を求める．P は双曲線上の点である．

（ 2 ）　漸近線法：漸近線と，双曲線上の点 P が与えられて双曲線をかく方法（**図
1.33b**，P は頂点でなくてもよい）．図のように，任意の半径 O21 を引い
て，P から漸近線に平行線 P1，P2 を引き，1，2 からまた他方の漸近線
に平行線を引くと，その交点 Q は双曲線上の点である．

● **放物線**

（ 1 ）　頂点 A と焦点 F が与えられて放物線をかく方法（**図1.34a**）．AF =
AO，LOM ⊥ AF の関係から，準線 LM をとる．放物線上の点 P は LM と
F から等しい距離 (r) にある．

（ 2 ）　枠組法：頂点 A と放物線上の点 P_1，P_2 が与えられて放物線をかく方
法（**図1.34b**）．放物線上の P_1，P_2 と頂点 A とで長方形の枠組みをつ
くり，図のような等分割点の対応番号をつけ，A1 と 1′から軸に平行に引
いた線との交点 Q をとると放物線上の点となる．

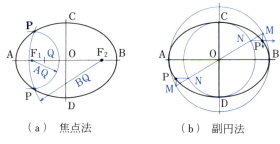

（ a ） 焦点法　　　　　　（ b ） 副円法

図 1.32　楕円のかき方

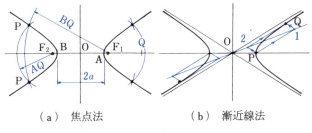

（ a ） 焦点法　　　　　　（ b ） 漸近線法

図 1.33　双曲線のかき方

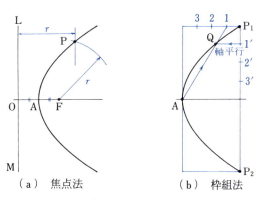

（ a ） 焦点法　　　　　　（ b ） 枠組法

図 1.34　放物線のかき方

❺ その他の曲線

ⓐ **サイクロイド・トロコイド**

円が，定直線に沿って回転しながら進むとき，その円に固定した点の動く軌跡である．円周上の点のときをサイクロイドといい，円周の内の点のときをインフェリア・トロコイド，外の点のときをスペリア・トロコイドという．

曲線のかき方は，定直線に沿って，円を単位角度ころがしたときの各点の位置を順次作図して，曲線をつくる（**図1.35**，**製図例 PL.1c**）．

ⓑ **エピサイクロイド・ハイポサイクロイド**

円が，直線ではなくて，定円周に沿って回転しながら進むとき，その円に固定した点の動く軌跡である．動円が定円の外を回るときの曲線が，エピサイクロイド，内を回るときがハイポサイクロイドである．

曲線のかき方は，サイクロイドと同じように，動円が単位角度ころがったときの位置を順次作図して，曲線をつくる（**図1.36**）．

ⓒ **円のインボリュート曲線**

円周に糸をまきつけ，その先に鉛筆をつけて，糸を張りながらほどいていくとき，鉛筆のかく曲線と考えてよい．この曲線の一部は歯車の歯形に用いられている（**図1.37**）．

曲線のかき方は，基円に接線を引き，その長さを始点から接点までの円弧の長さにひとしくとる．この接線が曲線の法線となる．

ⓓ **アルキメデスうずまき線**

動径 r，回転角 θ の極座標で，$r = a\theta$（a は定数）で表される曲線であって，その作図は，θ の単位ごとの r を計算して，**図1.38** のようにかく．曲線の法線は図に示す関係にある．

ⓔ **対数うずまき線**

同じく極座標で，$r = r_0^{\theta}$ で表される曲線で，作図は **図1.39** による．法線は図に示す関係にある．

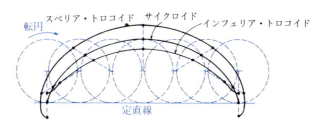

図 1.35 サイクロイド・トロコイド

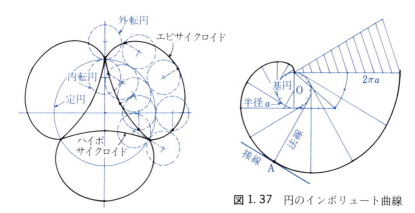

図 1.37 円のインボリュート曲線

図 1.36 エピサイクロイド・ハイポサイクロイド

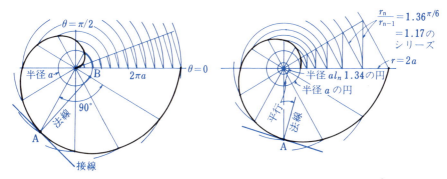

図 1.38 アルキメデスうずまき線 $r = a\theta$ 　図 1.39 対数うずまき線 $r = r_0^{\theta} = a\,1.34^{\theta}$

1.4 文 字

　図の中に説明のために文字を記入することが多い．これらの文字は，図が汚れたときでも誤りを生じないように，明確であることが第一である．そのため，標準化された字体を用いるのが一般である．

　JIS（日本工業規格）に製図用文字の規格がある（**付録 B**）が，JISには文字幅に関する規格がないので，**図 1.40** に，アメリカで広く用いられているプロポーションのローマ字，数字を示す．文字は上下の高さをきめるガイドラインを引いた中にきっちり書き込む．文字の幅は，高さ 6 に対して 5 が標準で，例外は I，1（数字）が幅なし，TOM Q. VAXY（とおぼえる）が幅 6，W が幅 8 である．日本文字はゴシック体を用いるとよい．

　文字の間隔は，2 つの文字の間の空きの面積が等しくなるようにするのが原則である．それぞれの文字の枠を等間隔にならべると，いちじるしく不自然となる場合があるので注意すること．

図 1.40　アメリカ標準製図用文字

　文字枠を等間隔にならべるとスペースは不同にみえる．
AVOID THIS KIND OF SPACING
　字間のあきの面積を一定にするとよい．
GOOD SPACING, EQUAL AREAS
　　文字 "O" 1 字分あける　コンマのあとも同じにあける
図 1.41　ラテン文字の字間・語間のスペースの例

基礎平面図形製図課題（A 4 判使用）

PL. 1a：半径 46 mm の円に内接する正 5 角形，および，長軸(AB) = 92 mm，短軸(CD) = 60 mm の楕円をかけ（製図例22頁）．

注）円に内接する正 5 角形の作図法は11頁**図 1.18c**（説明は10頁）参照．長・短軸のあたえられた楕円の作図法は17頁**図 1.32b**（説明は16頁）参照．作図例では，楕円の円周を12等分割し，副円法を用いている．仕上げ線は太線，作図線には細線を用いる．

PL. 1b：焦点を共有する離心率3/2，1，2/3の双曲線，放物線，楕円をかけ．ただし，OF = 54 mm とせよ（製図例23頁）．

注）双曲線の頂点 h は，離心率 e = OF/Oh = 3/2，OF = 54 mm より，Oh = 36 mm と定まる（**図 1.30** 参照）．次に，h で OF に立てた垂線と円弧 OF の交点 k より，漸近線 Ok が定まる．双曲線は，双曲線上の点（頂点 h ）と漸近線を用いて**図 1.33b** の方法で作図する．また，e = hF/hn = 3/2，hF = 18 mm より，準線 MnL が hn = 12 mm，MnL⊥OF と定まる．放物線の頂点 P は，e = np/pF = 1 より，nF の中点として定まる．放物線は，焦点（F）と準線(MnL)を用いて，**図 1.34a**の方法で作図する．楕円の長軸(ab)は，e = aF/an = 2/3 より a が，bF/bn = 2/3 より b が定まる（**図 1.29** 参照）．楕円の短軸は，ab の中点 C で ab に立てた垂線上に，Fd = ac として定まる．楕円は，長・短軸を用いて，**図 1.32b** の方法で作図する．

PL. 1c：定直線 AB に C で接する円Oがある．この円が，AB 上を回転しながら進むとき，円周上の定点 P と，半径 OP 上の点Q，R（ただし，OP = 24 mm，PQ = PR = 8 mm）のえがく軌跡－サイクロイド・トロコイド－を作図せよ（製図例24頁）．

注）定直線 AB をかき，中点 C で接する転円 O_0 をかく．**図 1.28** の方法で転円の半円周長 $\overline{P_0E}$ を求める．CM = CN = P_0E と M，N をとれば $\overline{MN}$ は円周長である．O_0 を半回転左方に転がせば，中心 O_0 は O_6 に，P_0 はMにくる．その途中の点は，O_0O_6 と半円周 $\overset{\frown}{P_03C}$ を 6 等分してかく．

製図例 ==========

PL. 1a.

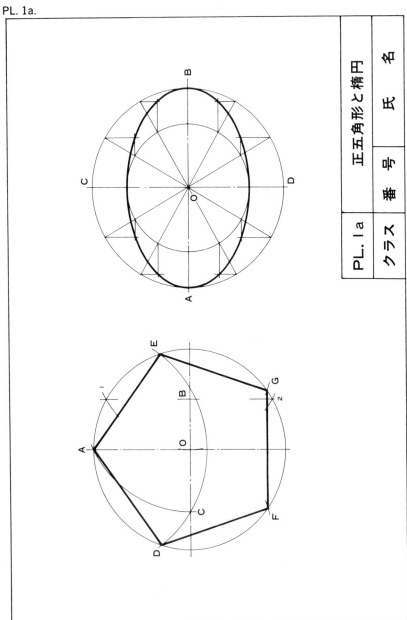

製図例

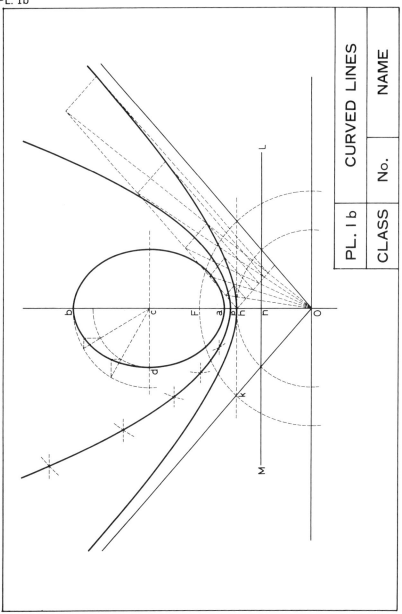

製図例 ════════════════════════════════

PL. 1c.

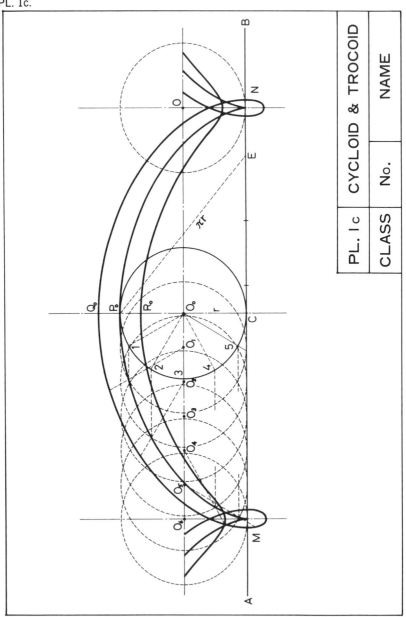

CYCLOID & TROCOID

PL. 1c	CLASS	No.	NAME

2

投　　　影

2.1　各種投影法

❶　投影とは

　われわれの住む，3 次元の空間の中のいろいろな立体を，説明したり，作る
ために計画したりするとき，紙の上に図をかいて，説明し，考えることが必要
となる．このように，3 次元座標系の中の点を，平面の 2 次元座標系の中の点
に対応させ，移すことを，一般に**投影**という言葉で表す．

　日常見なれている世界地図も，投影図の 1 つであって，地球という球面に近
い曲面の上の陸と海とを図形とみたてて，平面上の特定の座標系の上に移した
ものである．曲面を平面に移すという無理な操作のために，地図の上の形は実
物の形とはかなり違った形となっているけれども，方角であるとか，面積比で
あるとかいう，その図の用途に欠かせない性質は，地図にも表されるようになっ
ている（**図 2.1a**）．

　また，地図のうちでも 2 万 5 千分の 1 地形図とよばれる，狭い地域の地形図
では，投影のための図形の歪みは無視できるほど小さいし，局地的な土地の高
低が，等高線によって示されていて，その地域の立体形状を正確に知ることが
できる（**図 2.1b**）．

　実際に，ものをみた感じに近い投影図として，いわゆる，テクニカル・イラ
ストレーションという図がある（**図 2.2**）．これらは，機械・器具の説明図と
して用いられることが多い．このような図も，軸測投影法とか，透視投影法とか
いう投影法にもとづいてかかれたもので，正しくかけば，このような説明図か
ら，もとの立体の寸法も知ることができるものである．

　投影法のうちで，立体の寸法の表現にとくに重点をおいた方法が，正投影法
とよばれる投影法であって，製作用図面として一般に用いられているので，実
例は御存知のことと思う（**図 2.3**）．

　このように，実際に用いられている，立体の形を表現する図は，投影という
概念で表される，幾何学的な約束によって，立体上の点と図面上の点を関係づ
けているのであって，逆にそれだからこそ，図面が立体を表す代表として，実
用になるわけである．

（a）（株式会社パディンハウス 提供） （b）

図 2.1 地 図

（a）（日本図学会，図形科学ハンドブック， （b）（積水ハウス株式会社の御好意による）
　　森北出版，1980より引用）

図 2.2 テクニカル・イラストレーション

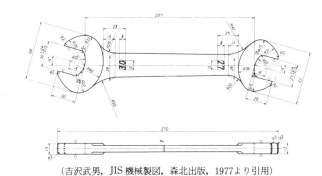

（吉沢武男，JIS 機械製図，森北出版，1977より引用）

図 2.3 製作用図面

❷ 投影の原則と種類

　立体の形を正しく図に表現するための投影法は，いずれも，簡単な幾何学的な関係で，もとになる立体と図面とを関係づけることができ，その形態によって投影法を整理することができる．

　立体に対して，図面をかく平面（これを**投影面**という）を固定して，立体上の点と，図面の上に表す点とを直線で結ぶ(これを**投影線**，または**視線**という)と，その直線群は，投影法によって次のように分類される．

（1）　投影線が平行直線群である場合 ―― **平行投影法**という．

　　(a)　投影線が投影面に垂直な投影法 ―― **直投影法**という．

　　　ⅰ）立体の直交3主座標軸に平行な投影を主とする投影法 ―― **正投影法**という．互に垂直な視線による複数の投影図によって，立体を図に表す．もっとも基本的な投影法であって，立体の正確な寸法を図示するときの基礎図として用いられる．機械・建設など製作図はすべてこの方法による（**図2.4，図2.3**）．

　　　ⅱ）立体の主座標軸に斜めの投影法 ―― **直軸測投影法**という．1つの図に3座標軸が表現でき，実際にみた感じに近い図が得られるので，説明用の図として用いられる（**図2.5，図2.2a**）．

　　　ⅲ）立体の1座標軸に平行に投影し，その軸方向の高さ（奥行き）を等高線で表示する ―― **標高投影法**という．地形図のような，複雑な曲面を表現するときに用いられる（**図2.6，図2.1b**）．

　　(b)　投影線が投影面と斜めの投影法 ―― **斜軸測投影法**という．投影された図は，やや歪んだ形となるが，投影図のかき方が簡単で，しかも立体観のある図が得られるので，説明図に用いられる（**図2.7**）．

（2）　投影線が1点を通る放射状の場合 ―― **中心投影法**という．

　　代表的なのは，一定点（これを**投影中心**，または**視点**という）と立体を結ぶ投影線（視線）と投影平面との交点を投影とする方法 ―― **透視投影法**である．実際に目でみたときのように，遠方のものが小さく投影されるので，比較的大きな物体（建造物など）の説明図として多用される（**図2.8，図2.2b**）．

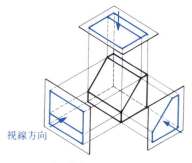

図2.4 正投影法

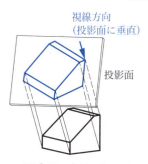

図2.5 直軸測投影法

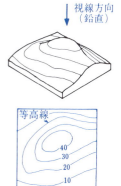

図2.6 標高投影法

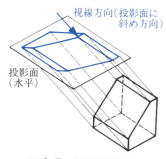

図2.7 斜軸測投影法

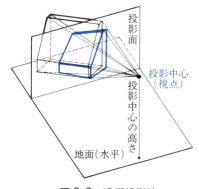

図2.8 透視投影法

2.2 正投影法による立体の表現と取り扱い───────

❶ 主投影図

正投影法は，互に垂直方向の平行投影線によって，投影線に垂直な投影面に立体を投影する，もっとも基本的な投影法である．

そのなかでさらに基礎となるのは，立体を表す直交3座標軸に平行に投影した図であって，これらを **主投影図** とよぶ．

主投影図は，わかりやすくいえば，**図2.9a** の立体を前方(X 方向)からみた図を**正面図**，右方 (Y 方向) からみた図を**右側面図**，上方 (Z 方向) からみた図を**平面図**として，その上下左右をそろえて配置したものである (**図2.9b**)．

ここで，正面図は，その立体を代表する方向からの図とする．平面図，側面図の向きは，これからきまる．こうして3方向からみた図をつくると，正面図には立体の間口と高さの寸法が正しく表され，また，奥行き寸法はまったく表されていないことがわかるであろう．奥行き寸法は平面図，右側面図に表され，2つ以上の図を組み合わせてはじめて，間口，高さ，奥行きの3寸法が図に表現されることになる．

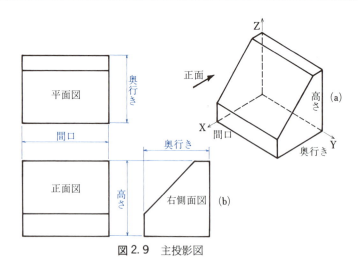

図2.9 主投影図

❷ 主投影図の配置

図 2.9 のように，正面図を中心に，間口を合わせて，上方に上からみた図(平面図) を，右方に高さを合わせて右からみた図（右側面図）を配置するのが，**第三角法** といわれる配置である．つまり，第三角法では隣り合う図は互いの視線方向に配置する．JIS 機械製図（**付録** B）では第三角法を用いる規定になっている．第三角法に対し，第一角法とよばれる配置は，正面図の下方に平面図を，左方に右側面図を配置する方法で，この配置による図もよく用いられるけれども，ここでは，混乱をさけるために，JIS にしたがって，第三角法の配置で説明をすすめることにする．

主投影図には，正面図，平面図，右側面図のほかに，それぞれの裏側の**背面図，下面図，左側面図**の 6 種が考えられる（**図** 2.10）．それぞれの図に， 3 次元のうち 2 つの次元が表されるから，間口，奥行き，高さの 3 つの寸法は， 2 つの図で表現できることになる．しかし，ここでかいている図は，立体の輪郭と面の交わりとだけを線で表現した，線画であって，面のこまかい表現ができないこともあり，複雑な形の立体ではその全体をわからせるためには， 3 つ以上の図が必要となることもめずらしくない．

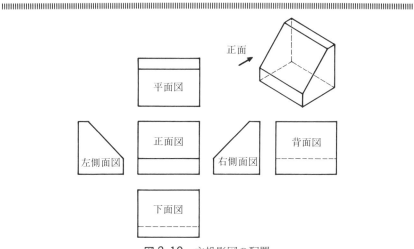

図 2.10 主投影図の配置

❸　**主投影図のかき方**

寸法のわかっている立体の主投影図をかくのは，次の順序による．

（1）　まず，その立体を完全に表現できる図の数をきめる．**図2.11a**（図2.9
　　　と同じ）のような立体なら，正面図，平面図と，左右どちらかの側面図
　　　が必要である．

（2）　必要な図の位置の割り振りを，フリーハンドでたしかめてから，正面図
　　　をかく位置をきめる．平面図，右側面図の位置もきめる．

（3）　立体の間口，奥行き，高さの最大寸法で立体を箱づめにする直方体を考
　　　え，正面図位置に間口と高さの長方形を細い鉛筆線でかく．次に，その
　　　上方に間口をそろえて，上方に奥行きをとった長方形（平面図）を，正
　　　面図の右方に高さをそろえて，右方に奥行きをとった長方形（右側面図）
　　　をかく．各図の位置，大きさを最終的に決定する．

（4）　この枠内に，まず正面図を，次に平面図，右側面図の順に細い鉛筆線で
　　　かいていく．このとき，平面図で上方に表される奥行き寸法と，右側面
　　　図で右方に表される奥行き寸法とは，同じものであるから，当然同じ長
　　　さになることを注意する．複雑な立体上の点の各図での位置をきめると
　　　き，この，1つの図（正面図）の両隣りの図（平面図と側面図）で，投
　　　影方向に測った距離（奥行き）が等しいという性質は重要なポイントで
　　　ある．

（5）　最後に，立体の輪郭線と手前にあって見える線を，太くはっきりした線
　　　でかきこみ，図を完成させる．

　ここに示したように，図の中でいろいろ作図したり，対応する線を引いたり
するときには細い線を，また，見える線を表すには太いはっきりした線（**実線**）
を用いる．また，**図2.10**の背面図にあるように立体の背後にあって見えない線
（これを**かくれ線**という．）を表すには，**破線**を用いる．

　このように，図に用いる線の種類とその用法は大体きまっていて，**付録B表
5**に示すようである．

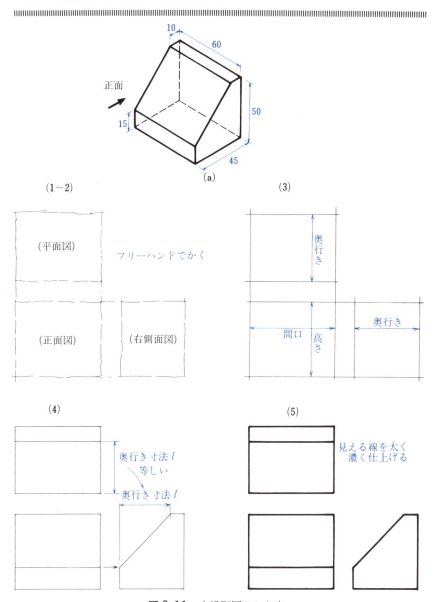

図2.11　主投影図のかき方

2.3　立体の構成要素とその主投影

　立体は点，線，面から構成されている．これらの主投影図の性質について，少しくわしくのべておくことにする．

　まず，さきに**図2.9**に示したと同じ多面体をもとにして考えることにしよう．ここで，各頂点に符号をつける（**図2.12**）．まず，実物の点を説明図に表現するときには，アルファベットの大文字を使う．また，これらの投影は，同じアルファベットの小文字で表現する．その投影が正面図か平面図かを区別するために，正面図（Front view）ならFを，また平面図（Top view）ならTを，右側面図（Right-side view）ならRを，その符号の右下に小さく，添字としてつける．

❶　点の主投影

　たとえば，点Aの主投影図（**図2.12**）は，正面図がa_F，平面図がa_T，右側面図がa_Rと表されることになる．

　この図で，点Aの主投影図の相互関係位置は，a_Fをもとにして考えると，a_Fを上からみた図——平面図a_T——は，a_Fを"みる"視線の延長に配置されている．また，右からみた図—右側面図a_R—は，a_Fをみる右方向視線の延長に配置されている．このように，点の投影は，その点を通る視線の方向に配置されていて，上下，左右互いに対応した位置にある．

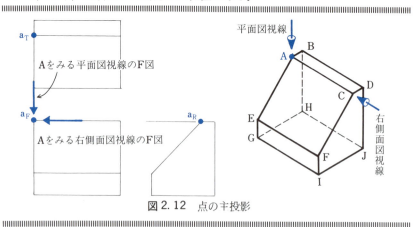

図2.12　点の主投影

❷ 基準線

ところで，**図 2.12** のように，全体の立体の中では，点 A とか点 B とかの位置は，立体の前面からの奥行き寸法とか，底面からの高さとしてきめることができるが，点だけをとり出した**図 2.13a** では，基準となるものがないので，宙に浮いたようになってしまう．

そこで，このような場合には，立体の前面とか底面とかのかわりに，寸法の基準となる**基準線**を用いることにする．すなわち，**図 2.13b** のように，正面図と平面図の間に，基準線 T/F (Top view/Front view) をいれ，正面図における高さ寸法の基準にする．また，平面図における奥行き寸法の基準にする．

ここで，基準線 T/F は平面図に表した正面図視線と，正面図に表した平面図視線にそれぞれ垂直になることを注意しておく．

同じように，側面図と正面図の間に基準線 F/R(Front view/Right-side view) をいれ，正面図における間口寸法と，側面図における奥行き寸法の基準にする．

このとき，平面図と右側面図両方に表される奥行き寸法は同じものなので，これが等しくなるように基準線をいれることにする．こうすると平面図と右側面図（正面図の両隣り）の中での基準線から点の投影までの距離は，等しくなる．この性質は，図を構成するときに基本となる重要な性質である．

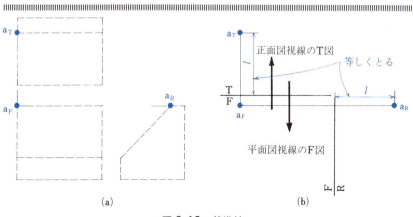

(a)　　　　　(b)

図 2.13　基準線

❸ **直線の主投影**

いま，これまで用いてきたモデル立体のカドを，C，I と直線 EF の中点Mの３点を通る平面で切りおとしたものを考えると **図 2. 14a** のようになる．

この立体は，稜線 AB，AC，……などの直線をもっている．これらの直線の主投影図をみると，**図 2. 14b～d** に示したように，両端の頂点の投影を結んだ直線として表されている．

これらの直線の投影は，視線との向きによって，次のようになる．

（1）　視線に平行な直線

　　　たとえば，正面視線に平行な直線 GH の投影をみると（**図 2. 14b**），平行な視線による図 — 正面図 — では，点となって表現されている．このように，直線が点になってみえる図を，直線の **点視図**（Point view）という．点視図のとなりの図 — 平面図，右側面図 — では，直線の実際の長さが表され，投影は基準線に垂直になっている．このように直線の実際の長さが表されている図を直線の **実長視図**（True length view）という．平面図視線に平行な直線 DJ，側面図視線に平行な EM もこの例である．つまり，視線に平行な直線は点になって投影され，その隣りの図では直線の実長が表されることになる．

（2）　視線に垂直な直線

　　　たとえば，正面視線に垂直な直線 MI の投影をみると（**図 2. 14c**），垂直な視線による図 — 正面図 — では，直線の実際の長さが表されている．隣りの図 — 平面図，右側面図 — では，実際の長さよりも短く表されていて，基準線に平行になっている．

　　　側面図視線に垂直な IC などもこの例である．

　　　つまり，視線に垂直な直線は実長が表され，隣りの図では，その投影は基準線に平行になる．

（3）　視線に斜めの直線

　　　たとえば，直線 CM はどの視線にも斜めである．この場合にはどの図にも斜めに，しかもどの図でも実際の長さより短く投影されている．

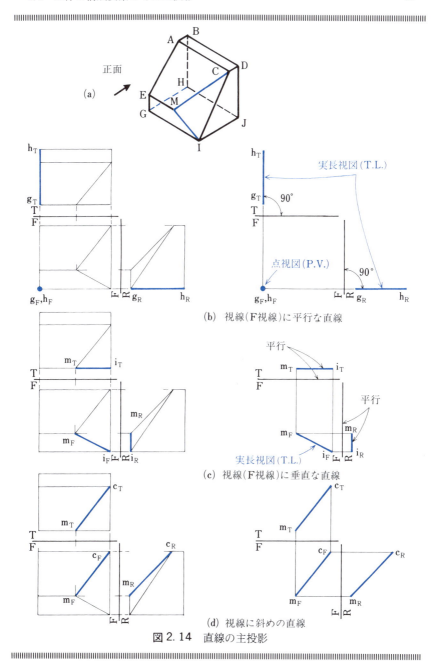

(a)

(b) 視線（F視線）に平行な直線

(c) 視線（F視線）に垂直な直線

(d) 視線に斜めの直線

図2.14 直線の主投影

❹ 平面の主投影

前節と同じ立体を考える（図2.15a）．この多面体は面ABDC，ACME……
などの平面をもっている．これらの平面の主投影図をみてみると，図2.15b～d
に示すように，面の頂点を結ぶ稜線の投影に囲まれた図形として表されている．

これらの平面の投影は，視線との向きによって，次のようになる．

（1） 視線に垂直な平面

たとえば，平面視線に垂直な平面ABDCの投影をみると（図2.15b），
垂直な視線による図 — 平面図 — では，平面の実際の形と大きさがその
まま表されている．このように平面の実際の形と大きさが，そのまま表
されている図を平面の**実形視図**（True size view）という．

実形視図の隣りの図 — 正面図，側面図 — では，平面は直線として表現
され，しかも，その向きは基準線に平行になる．このように，平面が直
線として表現される図を平面の**直線視図**または**端形視図**（Edge view）
という．

正面図視線に垂直な平面EMIG，側面図視線に垂直なCDJIなどもこの
例である．

つまり，視線に垂直な平面は平面の実際の形と大きさが表され，その隣
りの図では平面は直線として表現されることになる．

（2） 視線に平行な平面

たとえば，側面図視線に平行な面ACMEの投影をみると（図2.15c），
平行な視線による図 — 側面図 — では，平面は1つの直線として表され
ている．隣りの図では平面は4辺形として表されているが，真の大きさ
よりは小さく表されている．

ここで，平面の直線視図では，面上にあって視線に平行な直線ACなど
が点視（a_R, c_R）されていることを注意しておく．

（3） 視線に斜めの平面

たとえば，MCIのような平面で，どの投影図でも直線表現でもなく，真
の大きさでもない．

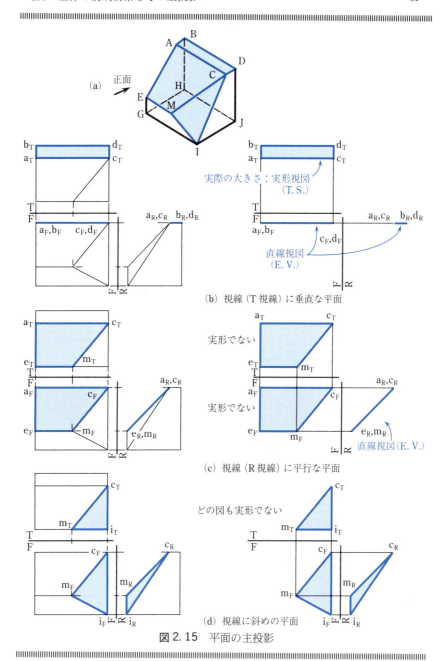

(a) 正面

実際の大きさ：実形視図
(T.S.)

直線視図
(E.V.)

(b) 視線（T視線）に垂直な平面

実形でない

実形でない

直線視図（E.V.）

(c) 視線（R視線）に平行な平面

どの図も実形でない

(d) 視線に斜めの平面

図2.15　平面の主投影

❺　**基本的な曲面の主投影**

　曲面一般については，あとで第5章にくわしくのべることにするが，ここで
は，通常の機械部品などに広く用いられており，また，作図の手段としても使
われる重要な曲面 ― 円柱面，円錐面，球面，円弧回転面 ― について紹介して
おく．

（1）　**円柱面**

　　　円（底円）周上の点を通って，互に平行な直線群によってつくられる曲
　　　面が円柱面であって，その直線群が底円に垂直なものをとくに，直円柱
　　　面という．

　　　直円柱面は，また，2本の平行直線の一方を軸として他方を回転してつ
　　　くったとも考えられる．このように曲面を形づくっている線を **曲面のエ
　　　レメント** という．直円柱面のエレメントは，平行直線群と，底円に平行
　　　な（大きさの等しい）円群である．

　　　曲面を図に表すときには，その外形線のみを表示し，エレメントは表示
　　　しないことが多いが，曲面はエレメントから成り立っていることにはつ
　　　ねに留意してほしい（**図2.16**）．

（2）　**円錐面**

　　　円（底円）の周上の点と一定点（頂点）とを結ぶ直線群でつくられる曲
　　　面が円錐面であって，頂点が底円の中心の真上にあるものをとくに，直
　　　円錐面をいう．

　　　直円錐面は，また，頂点と底円の中心を結ぶ直線を軸として，頂点でこ
　　　れに交わる直線を回転してつくったとも考えられる．

　　　直円錐面のエレメントは，頂点と底円周とを通る直線群と，底円に平行
　　　な円群である（**図2.17**）．

（3）　**球　面**

　　　球面は，1点から等距離の点の軌跡であって，どの方向からみても同じ
　　　大きさの円にみえる（半径は真の半径と同じ）．球面は，ちょうど，地球
　　　上の緯度線，経度線と同じような円状のエレメントをもっている．（**図2.
　　　18**）

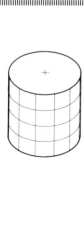
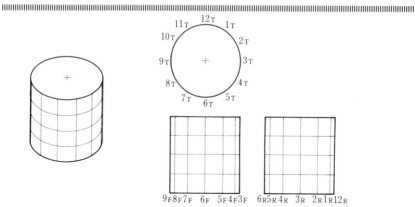

図 2.16 円柱面の主投影

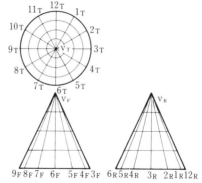

図 2.17 円錐面の主投影

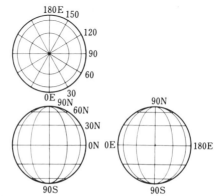

図 2.18 球面の主投影

（4）　円弧回転面

回転面とは，1つの平面曲線（直線図形もふくむ）を，その平面内の1軸を軸として回転したときにできる面である．実用的には，旋盤，ロクロなどで加工される形は，すべてこの回転面になるので，種類は，いわば無数にあるといえる．回転面はその生成の方法からみて，共通の性質があるので，その代表として，円弧をその中心を通らない1直線のまわりに回転したときにできる面をとり上げることにする．この種の面を，**円弧回転面**といい，**紡錘形**や**トーラス**（ドーナッツ形）もこのうちに入る（図2.19）．

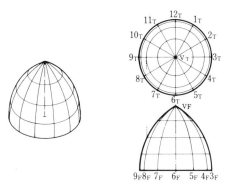

図 2. 19　円弧回転面の主投影

コラム：目で見た像（網膜像）と投影像

　図 C2.1 に，目で見た像（網膜像），カメラ画像，透視投影像を比較して示す．
この図に示すように，目で見た像は，水晶体（レンズ）によって眼球の内側に
ある網膜に結ばれた画像である．カメラでは，レンズによってフィルム（また
は，撮像素子）上に画像が結ばれる．レンズの中心位置に投影中心（視点）を
置き，焦点距離だけ離れた位置に投影面を配置すると，カメラ画像と透視投影
像は合同となり，同じものであることが分かる．なお，コンピュータ・グラフィッ
クス（CG）では，計算によって透視投影像を作成しており，**"透視投影像＝カ
メラ画像＝CG 画像"** と言ってよい．

　一方，これらの画像と"目で見た画像（網膜像）"を比較してみると，透視
投影の投影面，および，カメラのフィルムは平面であるのに対して網膜は球面
状である．さらに，**図 C2.2** に示すように，人間の網膜の感度は一様ではなく，
中央部付近では感度が高く，周辺に行くに従って感度が低くなっている．従っ
て，周辺部は網膜には画像として映ってはいるものの，ぼんやりとしか知覚さ
れず，形状認識などに使われるのは，せいぜい視野角 30° 以内と言われている．
このように，目で見た画像（網膜像）と透視投影像は異なっているが，視野角
の狭い範囲では，**"目で見た画像≒透視投影像"** である．また，手のひらにの
るような比較的小さな物体の場合には，互いの投影線のなす角度が小さく，ほ
ぼ平行となり，**"目で見た画像≒直投影像"** となる．

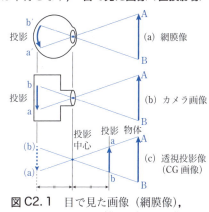

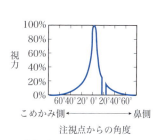

図 C2.1　目で見た画像（網膜像），
　　　　　カメラ画像，透視投影像
　　　　　（CG 画像）

図 C2.2　視力（網膜の感度）

コラム：投影法の限界／不可能図形

　投影においては同じ投影線上にある空間の点は同じ投影として表される．例えば，**図 C2.3** に示すように，空間の点 A_1, A_2, A_3 は同じ投影 a として重なって表される．このことは，投影法を定めれば，空間図形の投影図は一義的に定まるが，逆に，投影図からは基になっている空間図形を一義的に定めることはできないことを意味している．これは，投影によって 3 次元の空間図形を 2 次元の図に表す際には，1 つの次元（投影線方向）が落とされてしまうことによる．投影図を用いる際には注意が必要である．

　図 C2.4 は**ペンローズの 3 角形**と呼ばれる立体図形の直投影像である．図の立体に沿って移動してみると，「A から B まで手前方向に移動し，B で直角に曲がって，さらに手前方向に C まで移動し，C で直角に曲がって上方向に移動すると，A に戻る」ように "見える（投影されている）"．しかし，実際の立体形状において，前述のように移動したら「A に戻る」ことはあり得ない！

　"投影図では奥行き方向（投影線方向）が重なって表される" ことから，このように，立体図形では不可能なことが投影図上では可能に "見える"．このような投影図形は**不可能図形**と言われており，"ペンローズの 3 角形" はその一種である．

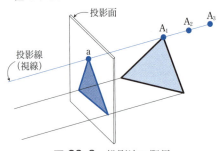

図 C2.3　投影法の限界　　　　**図 C2.4**　ペンローズの 3 角形

主投影図練習問題

　図 2.20 に示した立体の正面図，平面図，右側面図をかけ．（図中の細い線で示したます目は 1 目盛 1 cm とせよ．これは図にかかなくてもよい．）

注）①〜④は比較的簡単，⑤〜⑥はやや難しい．⑦〜⑨はエレメントもかくこと．

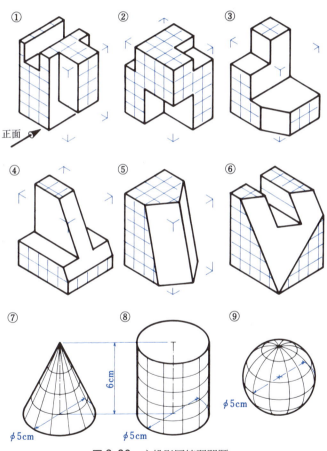

図 2.20　主投影図練習問題

主投影図製図課題（A 4 判使用）

PL.2a：**図 2.20** に示した立体のいずれかをえらんで正面図，平面図，右側面図をかけ．

PL.2b：**図 2.21** に示す機械部品のいずれかをえらんで正面図，平面図，右側面図をかけ（図中に細い線で示したます目は，1 目盛 1 cm とせよ）．

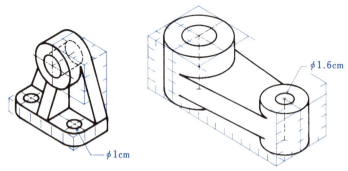

図 2.21　主投影図製図課題（機械部品）

PL.2c：**図 2.22** に示す建物の正面図，平面図，右側面図をかけ．

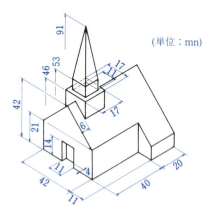

図 2.22　主投影図製図課題（建物）

製図例

PL. 2a.　（⑥の作図例）

製図例

PL. 2c.

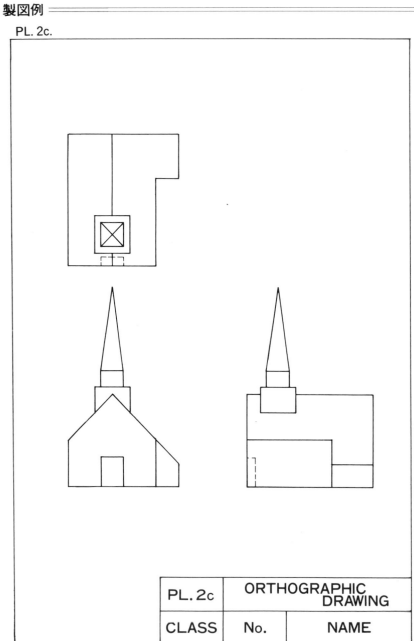

PL. 2c	ORTHOGRAPHIC DRAWING	
CLASS	No.	NAME

3

正投影法による
幾何学的解析の基礎

3.1　副投影図

　実際に物を作ることを考えるとき、その物を構成している各面，各(稜)線の実際の形・大きさ，長さなどを知っていなければならない．その意味から主投影図で表された立体の図をみると(**図3.1**)，たとえば，ABDCや，CDJIのような平面図形は，主投影図の1つに実際の形・大きさが表現されているから，そのまま使えるものの，主投影図で斜め方向の面，たとえばACMEなどは，実際の大きさが表現されていないので，何等かの方法で，実際の形・大きさを図に表示することを考えなければならない．

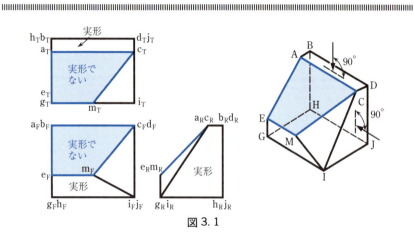

図3.1

　すでに2.3節❹で学んだように，図の上に，平面図形の実際の形・大きさが表現されるのは，視線に垂直な面である．したがって，斜め向きの平面図形の実際の形・大きさを表現するには，その面と垂直な，斜め向きの視線による投影図をつくることを考えればよいことになる．このように，正投影法の原則——互に垂直な視線による図をそれぞれの視線の方向に隣り合って配置する——によりながら，主座標軸には斜め方向からみた図を**副投影図**という．

❶　1次副投影図

　主投影図の1つの視線に垂直な方向からみた副投影図を，**1次副投影図**という．1次副投影図には副立面図と副平面図がある．

ⓐ 副立面図とその配置

副立面図は，平面図の視線に垂直な向き，つまり，水平方向からみた副投影図であって，平面図の隣りにかかれる．視線の向きは水平であれば同じことなので，**図 3.2a** のように 360° 全周からみた図をつくることができ，それらの図は，それぞれの視線の向きに対応して，**図 3.2b** のように配置される．

副立面図では，立体の高さ方向の寸法が正しく表現されていて，**図 3.2b** に示すように，それぞれの視線の方向に，基準線からの(垂直)距離として表現されている．このように，1つの図（平面図）の隣りにある図（副立面図群）のなかでは，基準線から，ある特定の点までの距離は，すべて等しいという性質は，正投影図のすべてに成り立つ性質であって，図をかくためには大切な性質の1つであることをおぼえておいてほしい．

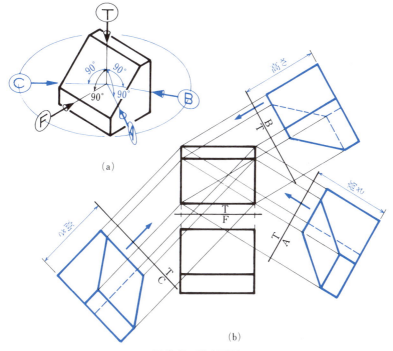

図 3.2　副立面図

ⓑ **副立面図のかき方**

図 3.2a の立体を与えられた方向からみた副立面図を実際にかいてみよう．
かく順序は次のとおりである（図 3.3）．

(1) 平面図に与えられた視線Aを表す矢印をかく．次にこれに垂直に副基準
線 T/A をかく．

(2) 立体の各頂点の副投影をかく．たとえば，頂点Aの副投影 a_A は a_T から
基準線 T/A に垂直にひいた対応線上に，基準線 T/F から a_F までの距
離をコンパスで移してかく．同じように b_A，c_A……とかいていく．

(3) もとの立体の頂点の つながり どおりに，副立面図上の各頂点を細い実
線でつないで稜線をかく．

(4) 副立面図Aは，平面図においた立体を"矢印Aの方向からみた"図であ
ることを考えて，見える線を太い実線で，また，見えない線を太い破線
でかきこんで図を完成する．

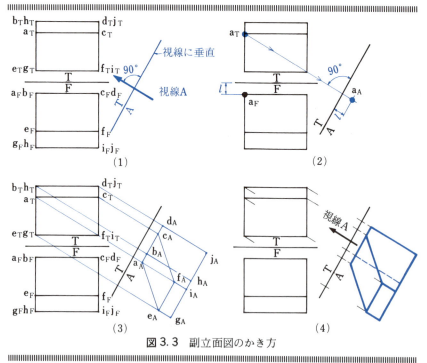

図 3.3 副立面図のかき方

ⓒ **副平面図とその配置**

副平面図は，正面図の視線に垂直な向き，つまり，正面平行の向きにみた副投影図であって，正面図の隣りにかかれる．このときも，正面平行の 360° 全方向の図をつくることができ，**図 3.4** のように配置される．

副平面図では，立体の奥行き方向の寸法が，それぞれの視線の方向に，基準線からの距離として，正しく表現されている．

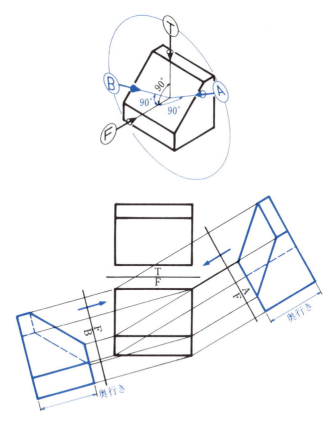

図 3.4 副平面図

❷　2次副投影図とその配置，見える部分，見えない部分

　2次の副投影図は，図3.5a のB図のように，副投影図の隣りに新しくかかれる副投影図のことで，その視線の向きは，すでにある1次副投影図の視線に垂直な向きであり，図は，その視線の向きに配置される．

　このような2次投影図のかき方は，まえに副立面図のところで注意をうながしたように，1つの図の両隣りの図の中の同一点の投影の位置は，まんなかの図から引いた対応線の上で，基準線から等しい距離にある，という関係を用いる．図3.5b で $\overline{a_T イ}$ と $\overline{ロ a_A}$ とは等しく，$\overline{a_F ロ}$ と $\overline{ハ a_B}$ とは等しい．

　図3.5a の各々の図での，見える部分と見えない部分との区別は次の原則による．

（1）　輪郭線となる部分は見える（中空部を通して見えることもあり注意）．

（2）　視線の手前にある点——すなわち隣図で基準線に近い点——は見える．

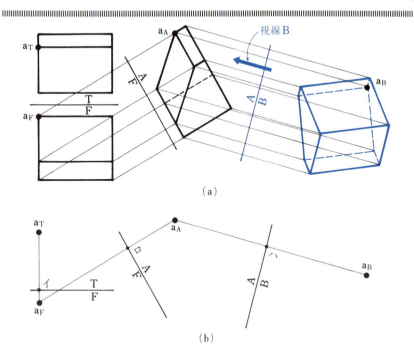

（a）

（b）

図3.5　2次副投影図

副投影図練習問題(1)

1 図3.6の立体（モデル立体）を，A方向からみた副立面図，および，B方向からみた副平面図をかけ．

2 図3.7で同じく．
注）副平面図には，円錐の12等分割直線エレメントを利用せよ．

3 図3.8の立体の，あたえられた副基準線による，1次，および，2次副投影図をつくれ．　注）平行線の投影は平行になることに注意せよ．

4 図3.9のごとく，図2.20の立体のいずれかをえらんで正面図，平面図を完成されたのち（例は立体③），あたえられた副基準線による，1次，および，2次副投影図をつくれ．

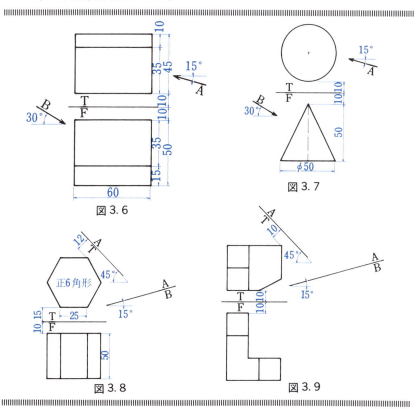

図3.6

図3.7

図3.8

図3.9

3.2　基本的副投影図とその応用 ────────────

❶　基本的副投影図

　まえにのべたように，立体の形・大きさを正しく知るためには，その立体を構成する各面や各(稜)線などの形・大きさや長さ，またその相互関係などを図の上に表現することが必要になる．

　面の実際の形・大きさを図に表すことを考えてみよう．主投影図には，主座標軸に垂直な面の実際の形・大きさが表されている．主座標軸に斜めの面の実際の形・大きさは，その面に垂直な視線による副投影図を作れば図示することができる．では，このような副投影図はどのような手順で作ればよいのであろうか．

　このような面の形・大きさ，線の長さ，それらの相互関係を図の上に表現するために用いられる副投影図は，次の4つの基本形に分けられる．これらの具体的な作図法については，次節以下にくわしくのべる．

（1）　直線実長視副投影図

　　　直線の実際の長さを表す副投影図（直線に垂直な視線による図）．

（2）　直線点視副投影図

　　　直線を点として表す副投影図（直線に平行な視線による図）．

（3）　平面直線視副投影図

　　　平面を直線として表す副投影図（平面に平行な視線による図）．

（4）　平面実形視副投影図

　　　平面の実際の形・大きさを表す副投影図（平面に垂直な視線による図）．

　これらの副投影図は，作図の目的からはそれぞれ独立であるが，（1）→（4）の順に段階的に作図することができ，作図法としては関連のあるものである．

❷ 直線実長視図とその応用

さきの基本立体の主投影の項（2.3節❸，36頁）でみたように，視線に垂直な直線の投影は実長である．また，実長表現の隣りの図では，直線の投影は基準線に平行（または点）になる（**図3.10a, b**）．

したがって，斜め向きの直線の実長は，直線の投影の1つに平行に基準線をとった副投影図に図示される（**図3.10c，図AまたはB**）．

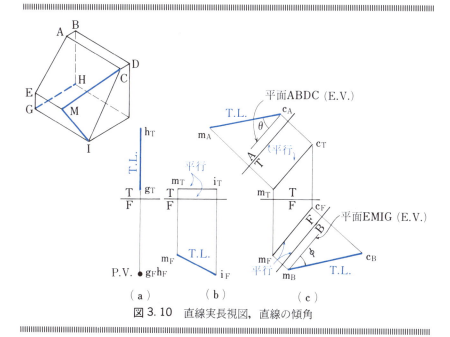

図3.10 直線実長視図，直線の傾角

ⓐ 直線の傾角

直線の一端Cを通る水平な平面（ABDC）は副立面図Aで一直線として表現される（図3.10c）．図Aでは，$m_A c_A$ はMCの実長であるから平面ABDCの副立面図と $m_A c_A$ のなす角は，直線MCが水平面となす角の実角（θ）となる．この角度は，直線の**水平傾角**とよばれる．

おなじ関係が正面平行平面（EMIG）との間にもある．この角（ϕ）を**正面傾角**という．

ⓑ 直線部材の実長と傾角

幾何学的な意味での（太さのない）直線が，実際のものをつくるとき使われることはないが，棒状の部材はこれを直線とみなして，その実長や傾角をもとめることができる．

その例を**図 3.11** に示す．

部材 AD の実長と水平傾角は図 A に示されている．部材 AD, BD の実長は図 B に，また，部材 CD の実長は図 C に示されている．

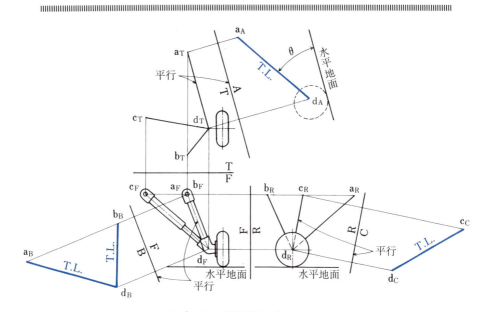

図 3.11 直線部材の実長と傾角

❸ 直線点視図とその応用

さきの主投影の項（2.3節❸，36頁）でみたように，視線に平行な直線は点として図に表される．また，点視図の隣りの図では，直線の投影は実長で，基準線に垂直である（図3.12a）．

逆に，直線の点視図をつくるには，直線の実長視図に垂直に基準線をとって副投影図をつくればよい．

図3.12b に示した直線 MI のように，直線が主視線の1つに垂直で，すでに主投影図に実長表現 $m_F i_F$ がある場合には，これに垂直な基準線 F/A をとって1次副投影図Aをつくれば，点視図 $m_A i_A$ が得られる．

図3.12c に示したような斜め直線 CM の場合には，まず，前にのべた方法で直線の実長視図 $c_A m_A$ をつくる．次に，直線の実長視図に垂直な基準線 A/B をとって，これによる2次副投影図をかくと，CM は $c_B m_B$ と点視される．

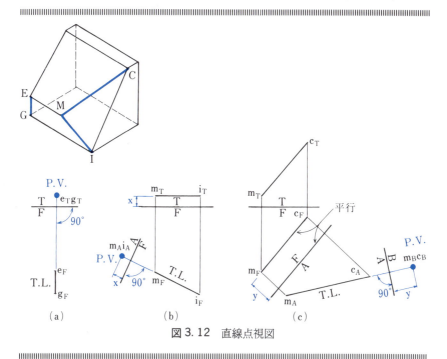

図3.12 直線点視図

ⓐ 指定方向からみた立体の図をかくこと

直線点視副投影図の応用として，主座標軸に対して，指定した傾きの方向からみた立体の図をかくことを考えてみる.

その方法は，**図 3.13** にあるように，指定方向の視線の矢印を主投影図上に表し，その直線を，矢印の方向に点視する副投影図をつくればよい. $\overrightarrow{XY}$ 方向にみるとしたとき，XY の実長視図 $x_A y_A$ をまずつくり，そのつぎに，y_A の方に x_A y_A に垂直な第 2 次副基準線をとって，XY の点視図をつくれば，その図における立体の図が，$\overrightarrow{XY}$ の矢印の方向にみた立体の図である.

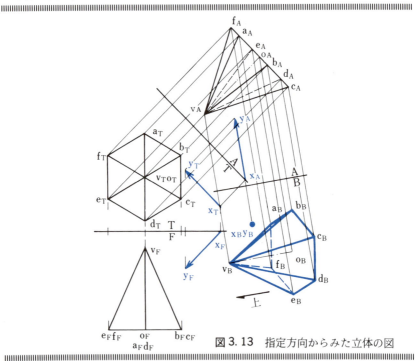

図 3.13 指定方向からみた立体の図

ⓑ 2 直線の相互関係

空間の 2 直線は，互いに（ⅰ）**平行**，（ⅱ）**相交**，（ⅲ）**ねじれの位置**にある のいずれかである. このような 2 直線の相互関係に関する問題は，一方の直線の点視図をつくることによって解決されることが多い（副投影図練習問題（2）6〜8（70〜71頁）参照）.

❹ 平面直線視図とその応用

さきの基本立体の主投影の項（2.3節❹，38頁）でみたように，平面を直線として表現する図は，平面に平行な視線による図である．**図 3.14a** 図 R に示すように，平面直線視図では，平面上にある視線方向の直線は点視されている（a_R c_R）．

逆に，平面の直線視図をつくるには，平面上の任意の方向の直線を点として表現する図を，前にのべた方法でつくればよい．

平面を特別な向きではなく，ただ単に直線表現すれば目的を達せられるような場合には，なるべく手間を少なくするために，点視する平面上の直線の向きとしては，主投影図に実長の表現されている，平面上水平直線，正面平行直線のどちらかをえらぶ．

図 3.14b のように，直線視したい平面上の直線の実長表現 $m_F i_F$ がすでに主投影図上にある場合には，これに垂直な基準線 F/A をとって，MI の点視表現 $m_A i_A$ をつくれば，平面の直線視図 $m_A i_A c_A$ が得られる．

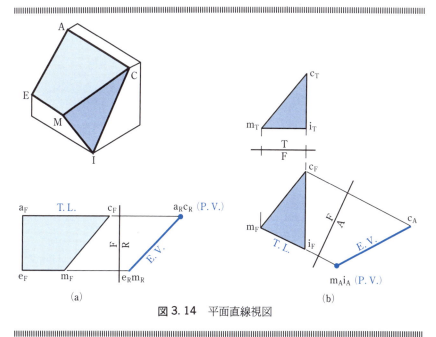

図 3.14 平面直線視図

ⓐ 2平面のなす角，平面の傾角

交わっている2平面のなす角というのは，2つの面を両方とも直線視したとき，その投影のなす角である．このような角を**2平面交角**または**2面角**という．たとえば，**図3.15**の副立面図Aに示した角 θ は，平面ACMEと水平な平面（ABDC）とのなす角である．この角を，とくに，平面の**水平傾角**という．

副平面図Bに示した角 ϕ は，平面ACMEと正面平行平面（EMIG）とのなす角であり，この角を**正面傾角**という．

2平面のなす角は，2平面の交線を点視する図をつくれば求めることができる．交線の点視図のつくり方は，さきにのべた直線点視図（3.2節❸）によればよい．**図3.15**で平面EMIGと平面CMIのなす角 α は，両平面の交線MIの点視図Cに図示することができる．

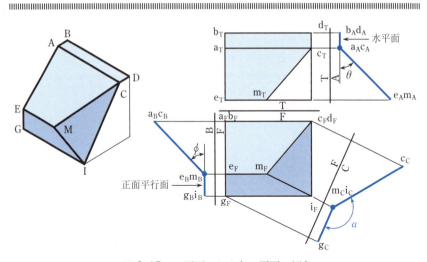

図3.15　2平面のなす角，平面の傾角

ⓑ 直線と平面／2平面の相互関係

空間の直線と平面，および，空間の2平面は，互いに（ⅰ）**平行**，（ⅱ）**相交**のいずれかである．このような直線と平面，および，2平面の相互関係に関する問題は，平面の直線視図をつくることによって**解決される**ことが多い（副投影図練習問題（2）11〜13（72〜73頁）参照）．

❺ 平面実形視図とその応用

さきの基本立体の主投影の項（2.3節❹，38頁）でみたように，視線に垂直な平面の投影は実形(T.S.)となる．実形表現の隣りの図では，平面は直線視され，その投影は基準線に平行である（**図3.16a**）．

逆に，平面の実形(T.S.)を求めるには，平面の直線視図に平行に基準線をとって副投影図をつくればよい．

図3.16b に示すように（平面が視線に平行で）すでに主投影図の1つに直線視表現 $a_R c_R e_R m_R$ がある場合には，これに平行に基準線 A/R をとって1次副投影図Aをつくれば，実形表現 $a_A c_A m_A e_A$ が得られる．

図3.16c に示すような，斜め平面 MIC の場合には，まず，前にのべた方法で平面の直線視図 $m_A i_A c_A$ をつくる．次に，直線の実長視図に平行な基準線 A/B をとって，これによる2次副投影図をかくと，実形表現 $m_B i_B c_B$ が得られる．

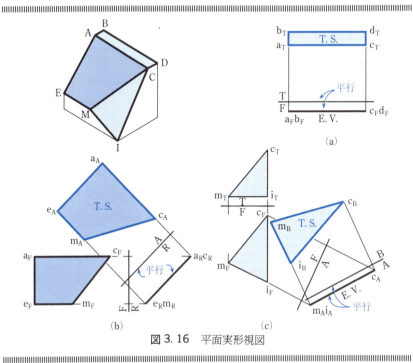

図3.16 平面実形視図

ⓐ　**補助投影図**

　機械製図などでは，立体を構成している面のうちで主投影図に実形の表れていない面を，部分的に実形視する副投影図がよく用いられる．これを **補助投影図**（**付録 B** 参照）という（**図 3.17**）．補助投影図では，必要な部分のみをかくのがよい．

ⓑ　**平面上の図形 —— 円**

　図 3.18 の板の真中に，円い穴のあいている図をかく方法を順をおって説明し，斜め向きの円の投影（この図は実際にしばしば必要となる）の性質についてのいくつかの注意点を指摘しておくことにする．

　まず平面の実形を表す図をつくって，その上に円をかく（図B）．この円は図A（平面直線視図）では当然直線として表現され，図Tにもどすと，**楕円**となる．この楕円の長軸の長さ $a_T b_T$ は，もとの円の直径の実長である．（隣図Aで $a_A b_A$ と点視されているから）．また長軸の向きは，基準線 T/A に垂直であり，穴の中心線は，それに垂直つまり基準線 T/A に平行となる．短軸の長さは図Aからの対応で定まる．

　図Fでは，投影の楕円の長軸の長さ $a_F b_F$ は，円の直径の実長であるのは当然として，その向きは，平面上にあって実長表現となる直線の向き，すなわち，隣図（平面図T）で基準線 T/F に平行な向きの直線の投影に平行となる．また穴の軸の向きは，その長軸に垂直な方向である（長軸と穴の軸は垂直で，長軸が実長であるから）．

　このように，円柱（ここでは円穴であるが）の投影で，端円の投影が楕円として表現される場合，その楕円の長軸の長さは，もとの円の直径に等しく，またその向きは，円柱の軸の投影に垂直な向きになるということはおぼえておいてほしい．

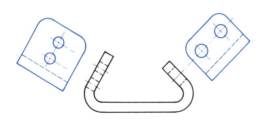

図 3. 17 補助投影図

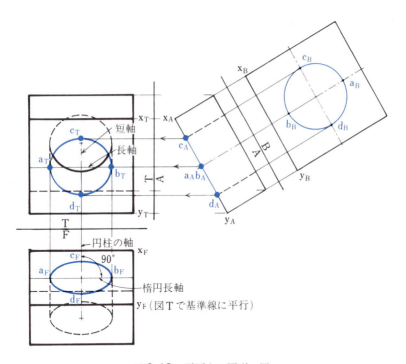

図 3. 18 平面上の図形－円

3.3 回転によって直線の実長表現，平面の実形表現をつくる方法

副投影図によって，直線の実長や，平面の実形を表現する図をつくるのは，いわば，物体はそのままにして，それをみる人間の方が位置を変えてみた図をつくることに相当すると考えてよい．しかし，平面の実形を表すために，それに垂直な視線による図をつくるのは，なにも視線の向きの方を動かさなくても，物体の方をまわして，既にある視線に垂直になるまで動かしてもよいわけである．

このように，必要な条件の下での投影図を，対象とする物体の方を回転してつくる方法を **回転法** という．

❶ 回転軸

回転法によって，必要とする図をつくるためには，まず，必要とする回転が実行できる軸を設定しなければならない．そして，その回転軸の方向が定まれば，次には図の上に回転の軌跡を表現することを考える．私たちの持っている表現方法は，直線（定規）か，円（コンパス）であるから，回転の軌跡がこのようになる図をえらぶ必要がある．すなわち，回転軸の実長視図と点視図の組み合わせ図（隣りどうしの図になるのはまえにのべたとおり）をつくれば，回転の軌跡は軸に垂直な円だから，軸点視図では，その点を中心とする円弧となり，軸実長図では，この回転軸が直線視されるから，軸実長図に垂直な直線として表現されることは明らかであろう（図3.19）．

❷ 直線の実長を表現する回転

直線を，主投影図で実長表現するような回転には，次の2つがある．

第1は，図3.20a のように，その直線をふくむ鉛直平面を考え，それを，鉛直軸（AC）のまわりに，ドアのように回転して，正面に平行になるまでまわす方法である．この作図は図3.20b となる．

第2は，図3.20c のような，直線をふくむ正面垂直平面を考え，正面垂直軸（AC）のまわりに，水平になるまで回転する方法で，作図は図3.20dとなる．

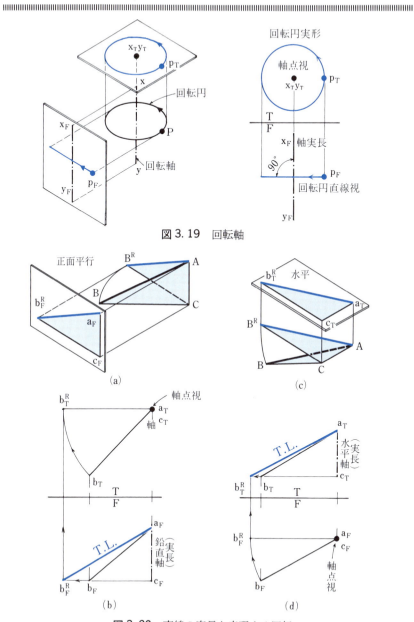

図 3. 19 回転軸

図 3. 20 直線の実長を表現する回転

❸　平面の実形を表現する回転

　斜め平面を回転して，視線に垂直にもってくれば，その図に平面の実形が表現されることになる．この手順は，まえにのべた，平面実形視副投影図のときの図の関係からみて，平面直線視図のとなり，直線視図に平行な基準線をもつ図に実形が表現されることから，回転は，平面直線視図を回転して，既存の1つの基準線に平行になるようにしたとき，その図に実形が表現されることはわかるであろう．

　この回転の軸は，平面直線視図で点視されている直線であればどれでもよい．これまでのやり方ならば，平面上の1つの直線を点視することによって，平面の直線視図を作ったことを思い出せば，その直線を回転の軸にすればよいことはすぐに思いつくであろう．この直線は，直線視図の前の図では実長であり，平面上の各点は，その実長図に垂直の方向に移動することになる（図3.21）．

　このような方法は，実用的にはよく用いられ，とくに長い部品の途中の断面を表示するときには，図3.22のように，図の一部を切って表示したりする．

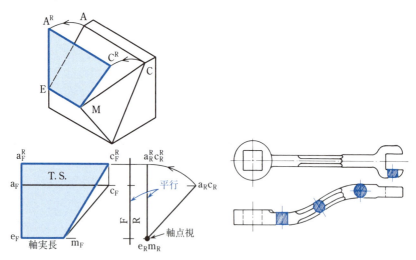

図3.21　平面の実形を表現する回転　　図3.22　回転による断面の表示

副投影図練習問題(2)

● **直線実長視図基本問題**

1 図3.23の立体（モデル立体）の稜線 CI, CM の正面図，平面図をかき，その実長を副投影法で求め，また，その水平傾角(θ)，正面傾角(ϕ)を求めよ．

2 図3.24の直線 AB の実長を副投影法を用いて求めよ．また，その水平傾角(θ)，正面傾角(ϕ)を求めよ．

● **実線点視図基本問題**

3 図3.23の立体（モデル立体）の稜線 MI, CM の正面図，平面図をかき，その点視図をつくれ．

● **直線点視図応用問題**

4 図3.23の立体（モデル立体）を，A方向からみた図をかけ．

5 図3.24の AB を軸端とする，直正6角柱をかけ．ただし，その底の2稜は水平で長さは 20 mm である．

注) AB を実長視する副立面図A，点視する2次副投影図Bをつくれ．副立面図Aでは水平な稜線は基準線 T/A に平行になることを使う．

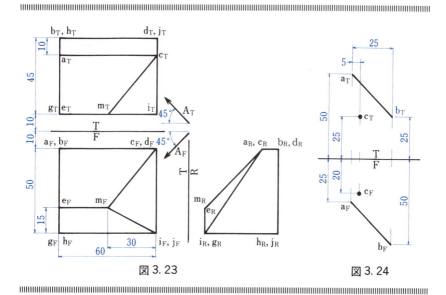

図 3.23 図 3.24

● **直線実長視・点視図応用問題 ── 空間の 2 直線 ──**

空間の 2 直線は，互いに (i) 平行，(ii) 相交，(iii)ねじれの位置にある の
いずれかである．このような，空間の 2 直線に関する問題は，一方の直線
の実長視図，または，点視図をつくることによって，解決されることが多
い．

6　〈**平行 2 直線問題**〉　図 3.24 で，点 C を通って直線 AB に，$\overline{AB}$ と同じ長さ
の平行線 CD をひき，それらの間の実距離を求めよ．

注) 平行な 2 直線の投影は，つねに平行になる.

　　　直線 AB の点視図をつくれば，CD は同じ図で点視され，その図に 2 直線
間の実距離が表される．

7　〈**直交 2 直線問題**〉　図 3.24 で，点 C から直線 AB に垂線を下し，その足 E
を定め，CE の実長（C から AB までの距離）を求めよ．

注) 直線 AB の実長視図 A をつくれば，$a_A\,b_A \perp c_A\,e_A$ となる. また, AB の点視図
B から実長 $c_B e_B$ が求まる.

　　　（直交 2 直線の投影に関する説明）相交わる 2 直線のうち，工業的にもっと
も広く用いられるのが，直交 2 直線である．

　　　直交 2 直線の投影を考えるため，図 3.25 のような，正面垂直（水平）な
軸をもつ車輪をみてみよう．車輪には，軸と輪を結ぶ半径方向の棒（輻）が
あるものとする．そこでは，軸と輻とは互いに垂直な直線とみなすことがで
きる．

　　　さてここで，軸 AB と輻 CD とは，平面図でともに実長表現されていて，
$a_T b_T$ と $c_T d_T$ とが直角であることは自明であろう．AB と EF はどうかとい
うと，$e_T f_T$ は実長ではないけれど $e_T f_T$ と $a_T b_T$ とは直角に表現されている
のは図のとおりである．

　　　このように，互いに垂直な直線は，少なくともその一方が実長に表現され
ている図では，双方の投影は垂直に表現される．

　　　両方とも実長でない場合は，図 A の中での $a_A b_A$ と $e_A f_A$ のように直角には
ならないことにも注意してほしい．

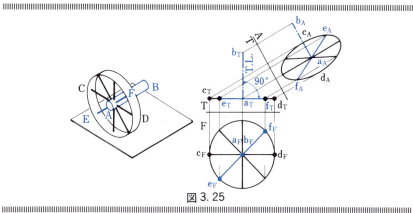

図 3.25

8 〈**ねじれ2直線問題―最短距離―**〉 図 3.26 に示す配管系において，パイプ AB，CD 間の距離を求めよ．

注) 中心軸 AB の点視図をつくって考えよ．

2本の直線が交わりもせず，平行でもないとき，この2本の直線はねじれの位置にあるという．ねじれの位置にある2直線の投影図の特徴は，1つの図での2直線の投影の交点が，隣りの図での投影の交点と対応しないことである（対応していれば，2直線は交わっている）．

このような直線の一方を点視する図をつくり，この<u>点視図から他直線の投影に下した垂線の長さは，2直線の最短距離となる</u>．

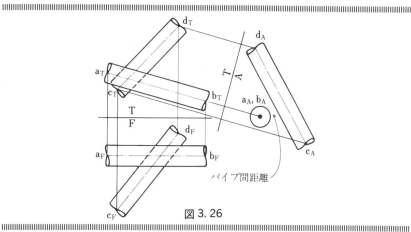

図 3.26

● **平面直線視図基本問題**

9　図 3. 23 の立体（モデル立体）の面 ACME，面 CIM の正面図，平面図をか
き，その直線視図をつくれ．

10　図 3. 23 の立体（モデル立体）の面 ABDC と面 ACME のなす角，また，
面 EMIG と面 CIM のなす角を求めよ．

● **平面直線視図応用問題 ── 直線と平面 ──**

空間の直線と平面は，互いに（ i ）平行，（ ii ）相交のいずれかである．このよう
な直線と平面に関する問題は，平面の直線視図をつくると解決されることが多い．

11　**〈直線と平面の相交─交点〉**　図 3. 27 の直線 AB と平面 CDEF の交点を
求めよ．注）交点は，平面直線視図と直線の交点として求まる．

12　**〈直線と平面の相交─垂線〉**　図 3. 27 の点 A から平面 CDEF に垂線を下
し，その足 G を求めよ．また，AG の実長（点 A から平面 CDEF までの距
離）を求めよ．

注）平面の直線視図 A をつくれ．平面に対して垂直な直線は，平面上にあるすべ
ての直線に垂直であるから，平面が直線表現される図では，垂直に（しかも
実長表現で）投影される．$a_A g_A$ は実長であるから，$a_T g_T$ は基準線 T/A に平
行であることに注意すること．

● **平面直線視図応用問題──2 平面──**

空間の 2 平面は，互いに（ i ）平行，（ ii ）相交のいずれかである．2 平面

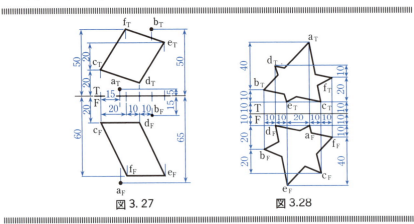

図 3. 27　　　　　　　図 3.28

に関する課題は，いずれかの平面の直線視図を作ると解決されることが多い．

13 〈**2平面の交線／交角**〉　**図3.28**の平面 ABC と平面 DEF の交線を求め，交わる2平面の正面図，平面図を完成せよ．また，2平面のなす角を求めよ．

● **平面実形視図基本問題**

14 図3.23の立体（モデル立体）の面 ACME, 面 CIM の実形を求めよ．

15 図3.27の平面 CDEF の実形を求めよ．

● **平面実形視図応用問題**

16 図2.20 (45頁) に示す立体③〜⑥のいずれかを選び，その正面図，平面図をかき，正面図，平面図に実形の表れていない面の実形を，副投影法を用いて求めよ．

17 図3.29に示す機械部品のいずれかを選び，その正面図，平面図を完成させ，また，斜め面の実形を表す補助投影図をかけ．

● **回転法問題**

18 直線実長視回転 —— 図3.23の立体の稜線 CI, CM の正面図，平面図をかき，その実長を回転法で求めよ．

19 平面実形視回転 —— 図3.23の立体の面 ACME, 面 CIM の実形を回転法で求めよ．

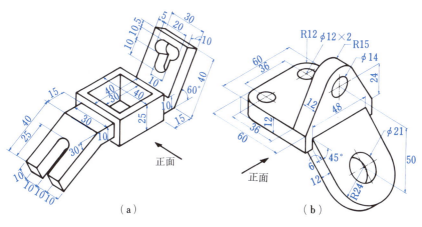

（a）　　　　　　　　　　　　　（b）

図3.29

副投影図製図課題（A 4 判使用）

PL. 3a：**図 3.23** に示した立体（モデル立体）の面 ACME，面 CIM の実形を求めよ．また，面 EMIG と面 CIM のなす角を求めよ．

PL. 3b：**図 3.30** に示した立体を A 方向からみた図をかけ．

PL. 3c：**図 3.27** の平面 CDEF 上に底円をもつ，高さ（軸長）40 mm の直円錐をつくれ．その底円の中心は，CE と DF の交点 O，半径は 20 mm とする．

　注）平面 CDEF を直線視する副立面図 A と，実形視する 2 次副投影図 B をつくれ．求める直円錐の底円の実形は図 B に，高さ（軸長）の実長は図 A に表されることを利用せよ．

PL. 3d：**図 3.29** に示す機械部品のいずれかを選び，その正面図，平面図を完成させ，また，斜め面の実形を表す補助投影図をかけ．

　注）製図例は**図 3.29b** の機械部品．正面図，斜め面を除いた平面図，斜め面の補助投影図，斜め面の平面図の順にかくとよい．補助投影図は必要な部分のみをかくこと．

図 3.30

製図例

PL. 3a.

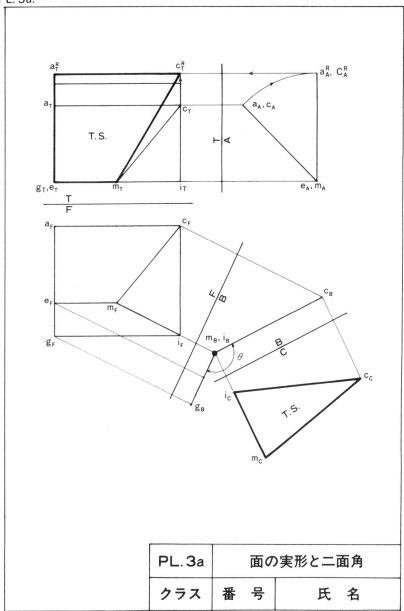

PL. 3a	面の実形と二面角
クラス	番　号	氏　名

製図例

PL. 3d.

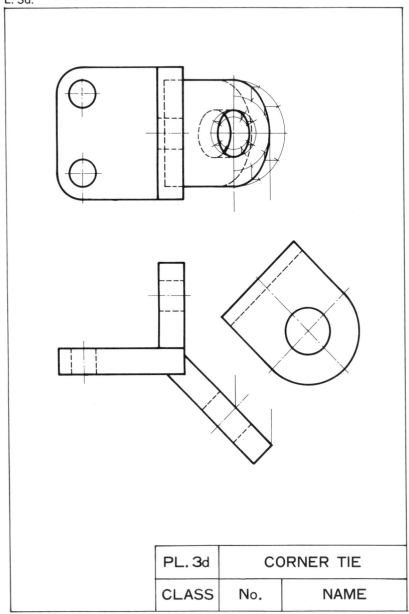

PL. 3d	CORNER TIE	
CLASS	No.	NAME

4

切断・相貫

4.1　立体の交わり ── 切断・相貫 ─────────

　前章までは，基本立体とその構成要素 ── 点・(直)線・(平・曲)面 ──が，
正投影でどのように表現されるかを学んできた．この章では，このような基本
立体どうしの交わりが，正投影でどのように取り扱われるかをみることにする．
立体どうしの交わりのうち，とくに，立体と平面の交わりを**切断**といい，3次
元立体どうしの交わりを**相貫**という．

　切断は，設計において多用される，立体の構成法の1つであり，比較的単純
な立体から，余分なところを切りとって，目的にかなった立体をつくり上げて
いくことがよく行われる．本書でこれまで用いられてきたモデル立体も，**図4.
1**に示すように，直方体を平面$\varPi_1, \varPi_2$で順に切断してつくった立体と考えられ
る．

　また，図面として立体を表現する場合にも，外形図として，立体を"外側か
らみた"図を示すだけでは分りにくい場合には，立体を仮想的な平面で切断し，
その断面を示すことがよく行われる．これを，**断面図**という (**図4.2**)．

　相貫もまた，まえにのべた切断とともに，実際に物を設計する際に多用され
る重要な概念である．立体の構成法の1つに，単純な立体を組合わせて，目的
にかなった立体をつくり上げていく方法があるが，このとき，それぞれの立体
の境界 ── 隣りの立体との相貫線 ── を知ることが必要になる．**図4.3a**に
示すハンドルも，軸部の円柱(A)，取手部の円弧回転体(B)と球(C)，重量バ
ランス用の球(D)，および，これらを結ぶ細長い円錐(E)などから成り立って
おり，これらの基本立体の相貫体とみなすことができる．また，**図4.3b**に示す
蒸気機関車にも，煙室と煙突の間などに，多くの相貫の例がみられる．

　口絵1～5に，身近に見られる切断・相貫の例を示す．本章を学んだ後，
いま一度，身の周りを見まわしてほしい．多くの切断・相貫の例を見出すであ
ろう．

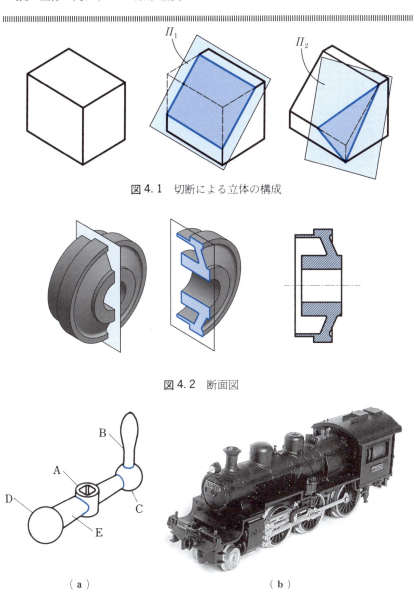

図4.1 切断による立体の構成

図4.2 断面図

（a） （b）

図4.3 相貫による立体の構成

4.2 切 断

切断とは，平面で立体を切断することをいう．この平面を**切断面** (Cutting plane：C. P.) といい，切断面による立体の切口を断面という．

切断の作図法は，基本的には，立体の構成エレメント（多面体の稜線，または，曲面の直線エレメントなど）と切断面の交点を求める作図によっている．この交点を順に結んで，立体の構成面と切断面との交線を求めれば，交線に囲まれた図形が，断面図形である．

❶ 多面体の切断

多面体の切断の例として，4角錐 V-ABCD を，正面図で直線視されている切断面 Π で切断する（**図4.4**）．作図は次の手順による．

（1） 稜線と切断面の交点

まず，稜線 VA と切断面 Π との交点を求める．交点は，図Fから，切断面の直線視図 π_F と稜線の投影 $v_F a_F$ の交点 1_F として定まる．平面図 1_T は，対応する稜線上の点として定まる．

同様に，他の稜線 VB, VC, VD との交点 2, 3, 4 を求める．

（2） 立体の構成面と切断面の交線

立体の構成面 VAB と切断面との交線は，構成面 VAB 上の稜線 VA，VB と切断面との交点 1, 2 を結んで求める．同様に，構成面 VBC，VCD, VDA との交線，2-3, 3-4, 4-1 を求める．

（3） 交線 1-2, 2-3, 3-4, 4-1 に囲まれた図形が，求める断面図形である．

断面には，図に示すように，細い斜線（**ハッチング**という）をつけることがある．断面の実形は，断面の直線視図 1_F 2_F 3_F 4_F に平行な基準線による副投影（図A）により求めることができる．

なお，ここでは切断面が主投影図で直線視されている場合について説明したが，直線視されていない場合には，3.2節❹の方法により，副投影を用いて切断面の直線視図をつくれば，あとは同様に作図することができる．

多面体の切断の例を**口絵1**に示す．

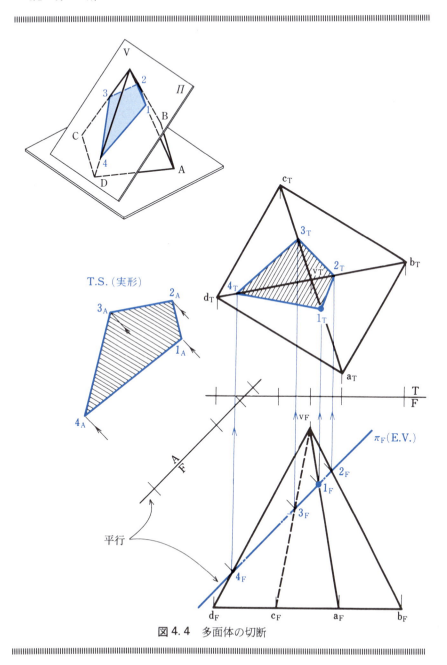

図 4.4　多面体の切断

❷　曲面体の切断

　曲面体の切断は，多面体の稜線のかわりに曲面の(直線)エレメントを用いれ
ば，あとは同様に作図できる．

ⓐ　**円柱の切断**

　曲面体の切断の例として，**図4.5a** に示すように，直立円柱を平面 *Π* で切断
したときの断面を求める．作図は次の手順による．

（1）　円柱面の直線エレメント

　　　図4.6 図T の円周を12等分割（分割法は1.3節❸，12頁参照）して，直
　　　線エレメントの点視表現 $a_T a_T'$，$b_T b_T'$，…を求める．図Fでのエレメント
　　　$a_F a_F'$，$b_F b_F'$…は図Tとの対応から定まり，図Rでの直線エレメント a_R
　　　a_R'，$b_R b_R'$…は，基準線 F/R から $a_R a_R'$ までの距離 (l) を基準線 T/F か
　　　ら $a_T a_T'$ までの距離に等しくとって定める．

（2）　直線エレメントと切断面の交点

　　　直線エレメント AA′ と切断面との交点は，図Fから，切断面の直線視図
　　　π_F と，直線エレメントの投影 $a_F a_F'$ との交点 1_F として定まる．図Rでの
　　　交点 1_R は対応する直線エレメント $a_R a_R'$ 上の点として定まる．
　　　同様に，直線エレメント BB′，CC′，…と切断面との交点 2，3，…，12
　　　を定める．

（3）　円柱面と切断面との交線

　　　隣り合う交点を順になめらかに結んだ曲線 1 － 2 －……－12－1 が求め
　　　る断面を表す交線である．
　　　断面の実形は，断面の直線視図に平行な基準線による副投影により求め
　　　ることができる（図A）．

　円柱面の断面は，切断面と円柱面との軸とのなす角度によって**円**（切断面と
軸が垂直），**2直線**（切断面と軸が平行），**楕円**（切断面と軸が前記以外）のいず
れかになる（**図4.5**）．

　円柱の切断の例を**口絵2**に示す．

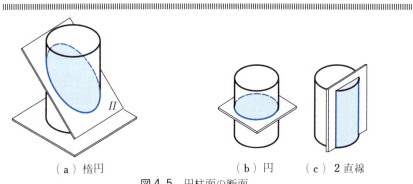

（ a ）楕円　　　　　　　　　　（ b ）円　　　（ c ）2 直線

図 4. 5　円柱面の断面

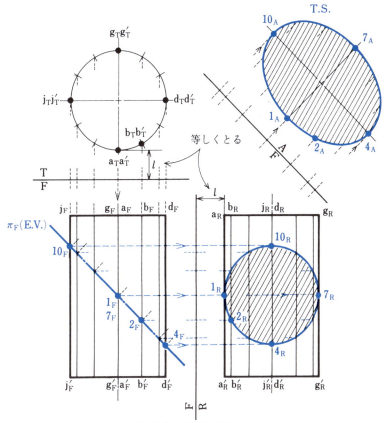

図 4. 6　円柱の切断

ⓑ **円錐の切断**

　円錐の切断は，円錐面の直線エレメント（頂点と底円の等分割点を結んだ直線）を用い，これと切断面の交点を求め，なめらかに結べばよい（図4.7）．

　円錐面の断面は，切断面が頂点をとおる場合には**2直線**に，切断面が軸に垂直な場合は**円**になる．その他の場合には，**楕円，双曲線，放物線**のいずれかになる（図4.8）．円錐の切断の例を**口絵3**に示す．

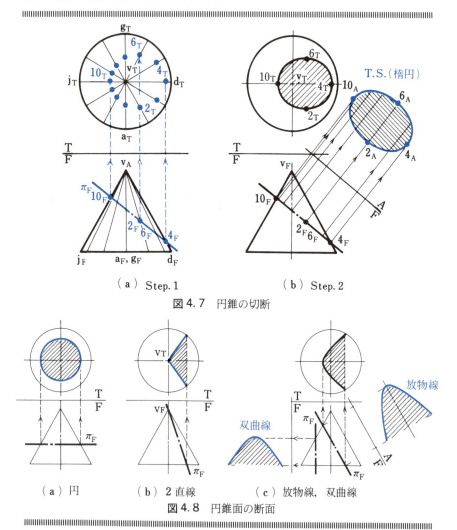

（a）Step. 1　　　　　　　　（b）Step. 2

図4.7　円錐の切断

（a）円　　　　　（b）2直線　　　　（c）放物線，双曲線

図4.8　円錐面の断面

切断練習問題

1 図 4.9a の立体を，（1）与えられた切断面（C.P.）で切断せよ．（2）また，
断面の実形を求めよ．

2 図 4.9b で同じく．

3 図 4.9c で同じく．

注）球の断面の実形は常に円になる．

4 図 4.10 に示す機械部品の正面図をかき，右側面図を与えられた C.P. による断面図として示せ．

5 図 4.11 は床と壁の間に入れた角材で作った支柱の図である．正面図を完成せよ．また，切断角度（α, β，角材を実際に切断する角度）を求めよ．

注）$1_T 2_T$ に平行な基準線をもつ副立面図を作ってみよ．

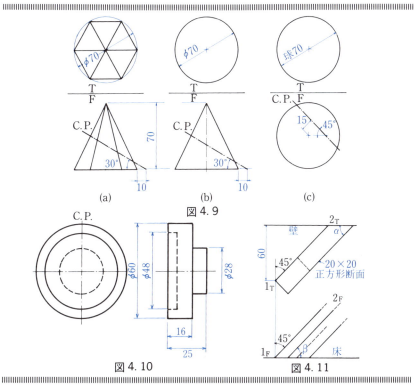

(a)　　　　　　(b)　　　　　　(c)

図 4.9

図 4.10　　　　　　図 4.11

4.3 相　貫 ─────────────────────────────────────

　立体どうしの交わりを**相貫**という．このとき，一方の立体の構成エレメント
が他方の立体の構成面を貫く点を**相貫点**，一方の立体の構成面と他方の立体の
構成面との交線を**相貫線**という．

　相貫線は，一方の立体の構成エレメント（稜線，面の直線エレメントなど）
が，他方の立体の構成面を貫く点をすべて求めることができれば，これらの相
貫点を結んで定めることができる．つまり，相貫線の作図法も，前節の切断と
同様，構成エレメント（線）と面との交点を求める作図によっている．構成エ
レメントと面との交点を求めるためには，

（1）　構成面の端形視図を用いる方法

（2）　構成エレメントを含む補助切断面を用いる方法 ── **切断法** ──

の2つがよく用いられる．

　最も代表的な構成エレメント ─ 直線 ─ と，構成面 ─ 平面 ─ を例に，これら
を用いて交点を求める方法について説明する．

（1）　平面の**端形視図**（**直線視図**）を用いる方法

　　　図 4.12b に示すように，平面の端形視図 $c_A d_A e_A f_A$ をつくり，直線の投影
　　　$a_A b_A$ との交点を求める．すでに，前節で切断の作図に用いた方法であ
　　　り，もっとも基本的な方法である．

（2）　補助切断面を用いる方法

（ⅰ）　図 4.12c に示すように，直線を含む平面図視線に平行（鉛直）な補助切
　　　断面を考え，これで平面 CDEF を切断する．

（ⅱ）　補助切断面による平面 CDEF の切口は，図Tでは $1_T 2_T$ である．切口の
　　　図Fは，1_T の稜線 DE 上の対応点 1_F，2_T の稜線 CF 上の対応点 2_F を
　　　結んだ直線 $1_F 2_F$ として得られる．

（ⅲ）　直線 AB と補助切断面による平面 CDEF の切口 1‐2 は，同一平面上に
　　　ある．したがって，AB と CDEF の交点は，$a_F b_F$ と $1_F 2_F$ の交点として
　　　定めることができる（**図 4.12d**）．

この例では，平面図で直線視される補助切断面を考えたが，正面図で直線視
される切断面を考えても，まったく同様に作図することができる．

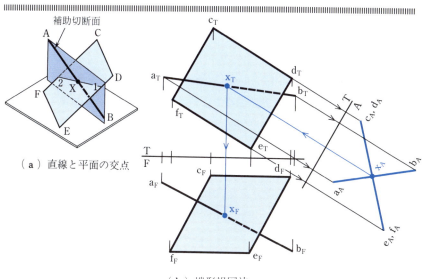

（**a**）直線と平面の交点

（**b**）端形視図法

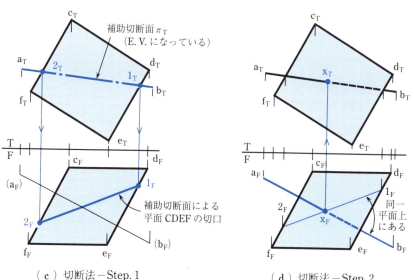

（**c**）切断法－Step. 1　　　　　　　　（**d**）切断法－Step. 2

図 4.12　直線と平面の交点

❶　多面体の相貫

　多面体Ａと多面体Ｂの相貫線は，まず，多面体Ａの稜線と多面体Ｂの構成
面との相貫点を求め，次に，多面体Ｂの稜線と多面体Ａの構成面の相貫点を
求め，これらを順につないで求める．

　図 **4.13** に示す鉛直な３角柱 ABC と斜めの３角柱 DEF を例に，多面体の
相貫線の作図法を示す．なお，ここでは基準線を用いないが，**図 4.13** のよう
に図を配置すれば，上の図が平面図，下の図が正面図であるのは今までどおり
である．実際の機械製図などでは，基準線を用いないので，このような図にも
なれておいて欲しい．作図は次の手順による．

（１）　３角柱 DEF の稜線と３角柱 ABC の構成面との相貫点

　　　　図 4.13a の図Ｔで，３角柱 ABC の側面はすべて，$a_T b_T$，$b_T c_T$，$c_T a_T$ と
　　　直線視されているので，３角柱 DEF の稜線Ｄとの相貫点は，1_T，2_T と
　　　定まる（**端形視図法**）．同様に，稜線Ｆとの相貫点は 3_T，4_T と定まる．
　　　稜線Ｅは，図Ｔでの３角柱 ABC の外形線の外側にあり，３角柱 ABC
　　　と相貫点をもたないことが分る．

（２）　３角柱 ABC の稜線と３角柱 DEF の構成面との相貫点

　　　　３角柱の稜線Ａを含む鉛直な補助切断面（C.P.）で，３角柱 DEF を切
　　　断して，断面のＦ図を作れば，稜線Ａとの相貫点 5_F，6_F が得られる（**図
　　　4.13b，切断法**）．
　　　稜線Ｂ，Ｃは図Ｔで３角柱 DEF の外形線の外側にあり，３角柱 DEF と
　　　相貫点をもたないことが分る．

（３）　相貫点の連結

　　　　（１），（２）のようにして相貫点をもとめたら，相貫体をイメージして，
　　　これらの点を立体の側面の上で隣り合う順に結ぶ．相貫線は"1—5—
　　　2—4—6—3—1"として求まる．

　　　　しかし，慣れないうちは相貫体をイメージするのは容易ではない．その
　　　際は，コラム「相貫点の機械的連結手順」に示す方法によれば，立体の
　　　イメージによることなく，機械的に相貫点を連結することができる．

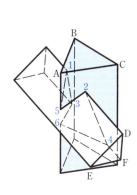

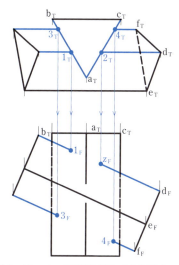

(a)　Step.1：端形視図法による相貫点

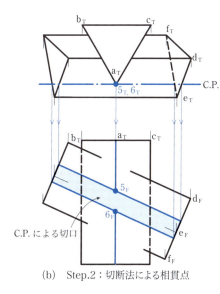

(b)　Step.2：切断法による相貫点

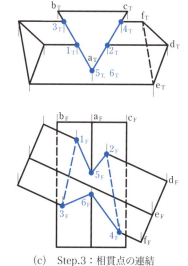

(c)　Step.3：相貫点の連結

図 4.13　多面体の相貫

　　最後に，立体の"見える"線を仕上げて図を完成する（**図4.13c**）．相
　　貫線は，これをつくっている両立体の構成面が共に見えるときには見え，
　　どちらかの面が見えないときには見えない．ここで，面の"見える見え
　　ない"は，両方の立体が互に単独に存在すると考えて判断すればよい．

　多面体の相貫の例を**口絵4**に示す．

❷　曲面体の相貫

　曲面と曲面の相貫線は，いずれか一方の曲面の構成エレメントが，他方の曲
面に交わる点を求め，これを順に結べば得られる．
　構成エレメントと曲面の交点を求めるには，多面体の相貫のときと同様，(1)
曲面の端形視図を用いるか，(2)切断法による．

ⓐ　円柱と円柱の相貫

　例として，**図4.14**に示す直立円柱と水平円柱の相貫線を求める．作図は次の
順序による．

(1)　**図4.14a**のように，直立円柱の直線エレメントを作図する（作図法は4.
　　　2節❷82頁と同様．ただし，ここでは基準線を用いないので，直立円柱の
　　　中心軸を，奥行き寸法の基準として用いている）．

(2)　直線エレメント AA′と，水平円柱との交点は，水平円柱の端形視図（**図
　　　4.14a 図R**）をつくり，それと $a_R a_R'$ との交点 1_R として定まる．図Fで
　　　の交点 1_F は，対応する直線エレメント $a_F a_F'$ 上の点として定まる．同様
　　　に，直線エレメント BB′，……，LL′との交点2，……，12が定まる．

(3)　隣り合う交点をなめらかに結んだ曲線が，求める相貫線である．
　　　上の作図例では，円柱面の端形視図を用いて交点を求めたが，切断法を
　　　用いてもよい．**図4.14b**に示すように，真立円柱の直線エレメント BB′
　　　を含み，水平円柱の軸に平行な補助切断面 (C.P.1) で，水平円柱を切れ
　　　ば，切口は2直線になり，切口の直線と $b_F b_F'$ の交点は，求める相貫点で
　　　ある．

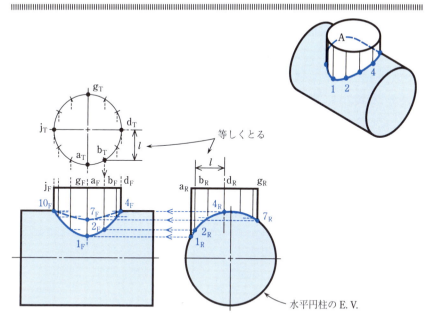

（a）端形視図法

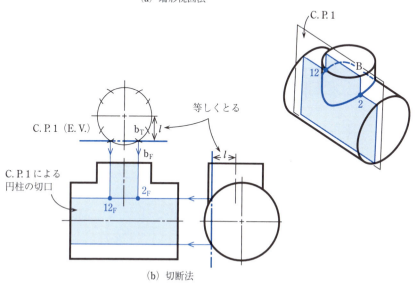

（b）切断法

図 4.14　円柱と円柱の相貫

● **円柱と円柱の相貫**（補）

　円柱と円柱の相貫は，真空・圧力容器の突出しフランジ，配管系などにひん
ぱんにあらわれる．とくに，同直径で軸の交わる円柱の相貫体は，円柱を切断
し，片方を回転した形状と同じで，相貫線は楕円の一部となる（**図4.15**）．こ
のような相貫体は，機械設計では，その形状から，**エルボ，ティー，クロス**な
どとよばれる．**口絵5a**に示す煙突はティーを組み合わせた形状となっている．
ヨーロッパの建築に多く見られる**グローイン・ヴォールト**（交差式円筒形天井，
口絵5b）はクロスの形状となっている．

　機械製図では，円柱と円柱の相貫線を，**図4.16**のように円弧で示すことが多
い（略記法）が，正しい相貫線は**図4.14**の形状であることに注意すること．

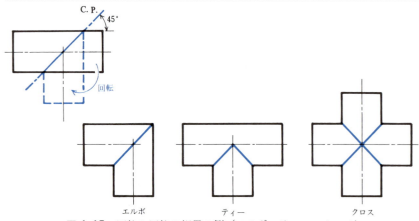

図4.15　円柱と円柱の相貫の例（エルボ，ティー，クロス）

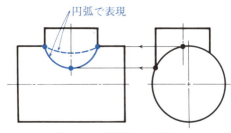

図4.16　相貫線の略記法

⓫　**円錐と円柱の相貫**

　図 4.17 に円錐と円柱の相貫線の作図例を示す．円錐の直線エレメントと円柱の端形視図を用いて，前節での円柱と円柱の相貫とまったく同様に作図する．

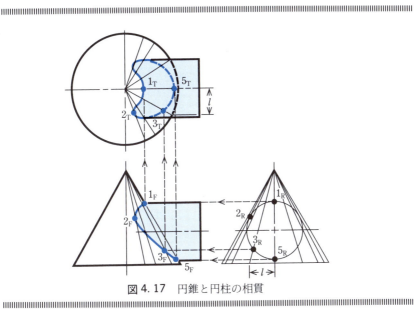

図 4.17　円錐と円柱の相貫

ⓒ　**補助切断面の選び方**

　切断法を用いて曲面体の相貫線を求める際には，補助切断面として，（ a ）いずれかの主投影図で直線視され，かつ，（ b ）曲面体の切口が直線，または，円になるようなものを選ぶのがよい．それには，切断される曲面が

（ 1 ）　円柱の場合 —— 補助切断面は，軸に平行（切口は 2 直線），または，軸に垂直（切口は円）．

（ 2 ）　円錐の場合 —— 補助切断面は，頂点を通る面（切口は 2 直線），または，軸に垂直（切口は円）．

（ 3 ）　球の場合 —— どのような補助切断面を選んでも切口は円．

（ 4 ）　円弧回転面の場合 —— 補助切断面は，軸に垂直（切口は円），または，軸を含む面（切口は円弧）．

コラム：相貫点の機械的連結手順

　ここでは，本文「多面体の相貫（88 〜 89 頁参照）」に示す 3 角柱 ABC と
3 角柱 DEF を例に，相貫点をイメージによることなく，機械的に連結する手
順を説明する．

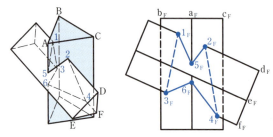

図 C4.1　（図 4.13 再掲）多面体の相貫

　まず，すべての相貫点（1 〜 6）について，作図手順から，どの稜とどの面
の相貫点かを示す表を作成する（**表 C4.1**）．この表では，各稜について，そ
の稜を作る面（必ず 2 枚）も示しておく．

表 C4.1　相貫点リスト

相貫点	3 角柱 ABC		3 角柱 DEF	
1	面 AB	稜 D	面 DE	
			面 FD	
2	面 CA	稜 D	面 DE	
			面 FD	
3	面 AB	稜 F	面 EF	
			面 FD	
4	面 CA	稜 F	面 EF	
			面 FD	
5	稜 A	面 AB	面 DE	
		面 CA		
6	稜 A	面 AB	面 EF	
		面 CA		

　次に，**表 C4.1** を基に，3 角柱 ABC と 3 角柱 DEF の面の組合せのうち，
交線を持つものについて，その交線を求める（**表 C4.2**）．

表 C4.2　面と面の交線

面の組み合わせ	相貫線 （交線）	3角柱 ABC の面	3角柱 DEF の面	相貫線
面 AB －面 DE	1 ↔ 5	見える	見える	見える
面 AB －面 EF	3 ↔ 6	見える	見える	見える
面 AB －面 FD	1 ↔ 3	見える	見えない	見えない
面 BC －	なし			
面 CA －面 DE	2 ↔ 5	見える	見える	見える
面 CA －面 EF	4 ↔ 6	見える	見える	見える
面 CA －面 FD	2 ↔ 4	見える	見えない	見えない

　なお，2つの凸多角形が交わる場合は，

（1）　一方が他方を貫くか，

（2）　互いに入れ子になっている，

のいずれかである（**図 C4.2**）．どちらの場合も，稜線と面との交点は必ず2個となっている．従って，2個の相貫点が見つかれば，ただちにそれを結べばよい（3個目の相貫点を探す必要はない）．

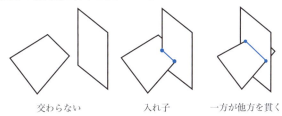

交わらない　　　　　入れ子　　　　一方が他方を貫く

図 C4.2　2つの凸多角形の交わり

　交線をつなぎ合わせたものが2つの立体の相貫線となる（**表 C4.3**）．相貫線は必ず閉じたループになっていることを確認する．相貫線は，これを作っている両立体の構成面がともに見えるときのみ見え，どちらかの面が見えないときは見えない．

表 C4.3　相貫線（全体）

$$1 = 5 = 2 - 4 = 6 = 3 - 1$$

（＝：見える／－：見えない）

相貫練習問題

1 　図4.18 の相貫体をかけ.

2 　図4.19 の相貫体（ホッパーとダクト）をかけ.

3 　図4.20 の直円柱と直円柱の相貫体をかけ.

4 　図4.21 の直円柱と直円柱の相貫体をかき，また，相貫線の実形を求めよ.

5 　図4.22 の直円柱と直円錐の相貫体をかけ.

6 　図4.23 の6角柱を円錐面で切り取った部分の図を完成せよ.

　注）ナット，ボルトの頭はこの形状になる.

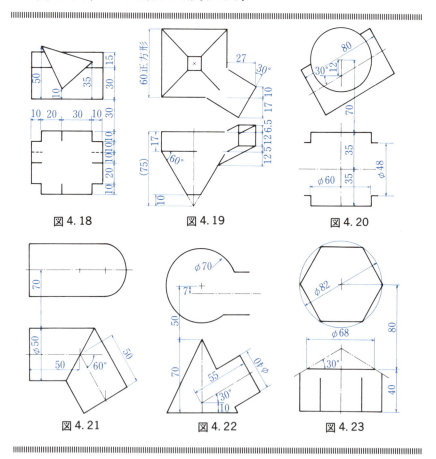

図4.18 　　　　　図4.19 　　　　　図4.20

図4.21 　　　　　図4.22 　　　　　図4.23

切断・相貫製図課題（A 4判使用）

PL. 4a: 図 4.24 に示す機械部品の平面図をかき，正面図と右側面図を与えられた C.P. による断面図として示せ．

PL. 4b: 相貫練習問題のいずれかを選び，製図せよ．

PL. 4c: 図 4.25 に示す塔屋と斜路の平面図と正面図を完成せよ．

　注）斜路Aと斜路Bの相貫線は，正面図，左側面図の端形視図と，切断法を併用して求めよ．

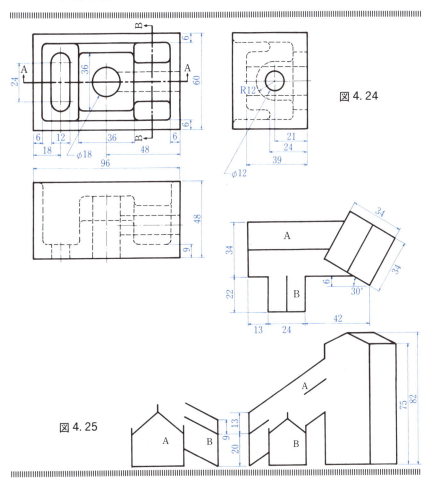

図 4.24

図 4.25

製図例

PL.4a.

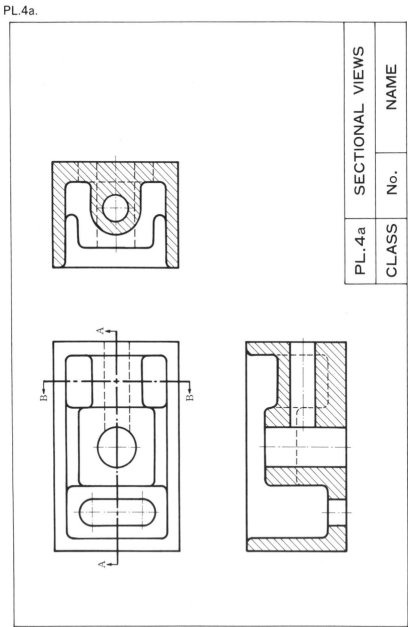

製図例

PL. 4b.（練習問題 3 の製図）

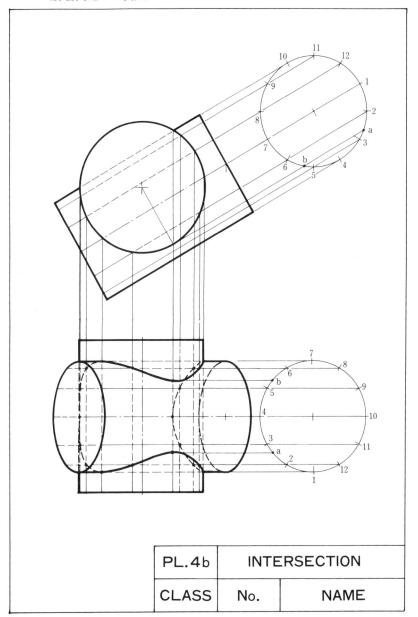

PL.4b	INTERSECTION	
CLASS	No.	NAME

製図例

PL. 4c.

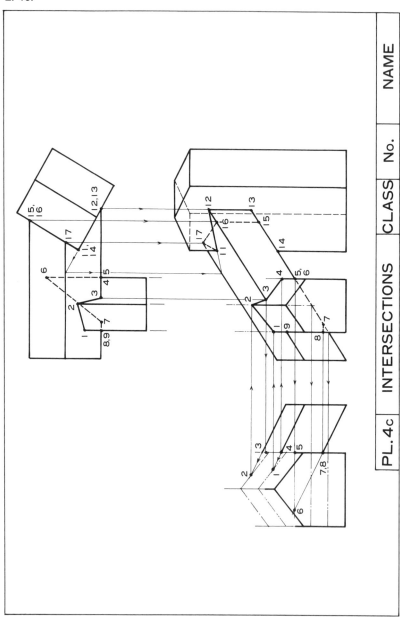

5

展　　開

5.1 展   開

　立体の表面を，大きさを変えずに（面上の線の長さを変えずに）1平面上に
うつすことを**展開**するといい，出来あがった図を**展開図**という．

　展開は，板金加工，被服製作など，1枚の板，布地から立体を作成するとき
用いられる．

　多面体は，構成面が平面なので，必ず展開することができる．曲面のうち理
論的に展開可能な面は，円柱面，円錐面などの可展面（第6章参照）のみで，
球面などを展開するときは，それらの小部分を，平面，または，円柱面，円錐
面などの一部分で近似させて展開し，つなぎあわせる．

　展開の方法には，平行展開法，扇形展開法，3角形展開法の3つがある．

5.2 平行展開法 ── 柱面の展開

　角柱・円柱などの柱面は，平行な稜線・直線エレメントをもっている．柱面
の展開は，これらの隣り合った稜線・直線エレメントに囲まれた部分を台形と
考えて，この台形の実形を順に1平面上に並べるようにして展開する．

　展開図の作図法は，稜線・直線エレメントの実長視図と，これらの点視図を
もとに，稜線・直線エレメントの実長視図に垂直な方向に展開図をつくる．展
開図上での稜線・直線エレメント間の距離は，これらの点視図から得られる．

❶　角柱の側面の展開

　角柱の側面の展開の例として，図5.1に，4角柱の展開を示す．

　角柱の側稜実長は図Fに，側稜間の距離は図Tに表されている．展開の方向
は，図Fの稜線に垂直な方向にとり，展開図上での側稜間の距離（l）は，図T
から移す．

　角柱の上部を切断面 C.P. で切り取ったとすれば，残りの部分の展開図は，各
側稜の残りの部分の実長をとって，図のようになる．

❷ 円柱面の展開

　図5.2に，円柱面の展開を示す．円柱面の12等分割直線エレメントを作ると，直線エレメントの実長は図Fにあらわされる．展開の方向は図Fの直線エレメントに垂直な方向にとる．展開図上での直線エレメント間の距離は，図Tの直線エレメントの点視図から，弧の長さを弦の長さ（l）で近似して定める．

　上部を切断面C.P.で切り取ったとすれば，残りの部分の展開図は，各直線エレメントの残りの部分の実長をとって，これをなめらかに結ぶと，図のようになる（正弦曲線になる）．

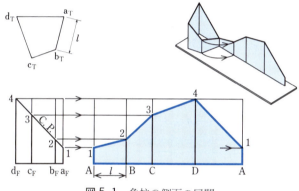

図5.1　角柱の側面の展開

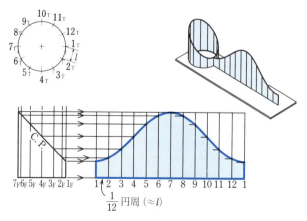

図5.2　円柱面の展開

❸ 柱面近似展開法 ── 球・円弧回転面の展開

球または円弧回転面などは，経度線で分割して考えると，この部分は横向き
の円柱面で近似できる．

図5.3に球の柱面近似展開を示す．球面を経度線に沿って等分割し，この部
分を円柱面の一部とみなして展開したものである．展開面は，長さが1/2円柱
周，幅が緯円周を等分した長さの細長い紡錘形の切片をつないだものとなる．

実用のものはこの方法（地球儀）か，これをさらに等緯度線で切った切片を
つなぎ合わせたもの（ガスホルダー）が多い．

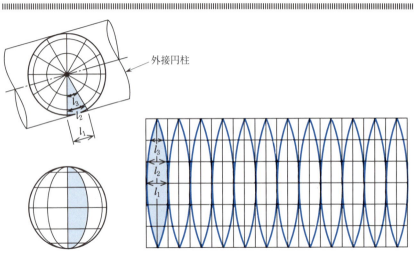

（東京ガス株式会社　提供）

図5.3　球の柱面近似展開

5.3 扇形展開法 —— 錐面の展開

角錐・円錐などの錐面は，頂点をとおる稜線・直線エレメントをもっている．錐面の展開は，これらの隣り合った直線エレメントに囲まれた部分を単位の3角形と考えて，この3角形の実形を，頂点を共有するように並べていく．展開図は扇形となる．

展開の作図法は，一般には，各直線エレメントの実長をまとめて（頂点を通る鉛直軸まわりに回転させて）作図し，これと底面の実長とで3角形をつくり，順次，頂点を共有するようにつないでいく．

❶ 角錐の側面の展開

図 5.4 に，例として，3 角錐の展開を示す．

各側稜の実長は，回転法（3.3節❷，66頁参照）によってまとめて作図すると，$v_F a^R_F, v_F b^R_F, v_F c^R_F$ となる．

展開図は，側稜のうちで最も長い $v_F a^R_F$ から始め，その外側にかく．側面3角形 VAB（AB の実長は図 T から），VBC…の実形を順次作図し，V を中心に，扇形に配置する．

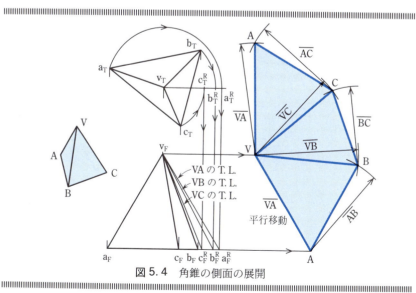

図 5.4 角錐の側面の展開

❷　円錐面の展開

図5.5に，円錐面の展開を示す.

直円錐の直線エレメントはみな等長で，図Fの円錐の外形線に実長があらわれている.展開図は，直線エレメントの実長を半径とする扇形になる.単位3角形は，エレメント実長を等辺とする2等辺3角形となり，残りの1辺の実長（l）は，図Tから移す.

上部を切断面C.P.で切り取ったとすれば,各エレメントの残りの部分の実長は，図Fで，交点2_F，3_F，…，6_Fから水平線をひき，$v_F a_F$との交点 $2'_F$，$3'_F$，…$6'_F$を求めれば，$v_F 2'_F$，$v_F 3'_F$，…，$v_F 6'_F$の長さとして求まる.これを，展開図上の対応する直線エレメント上に移せば，残りの部分の展開図が求まる.

図5.6に，円柱面（Ⅰ）と円錐面（Ⅱ）の複合曲面の展開を示す（1963年度技能オリンピック地方大会機械製図工競技課題）.（Ⅰ）の部分は図5.2と同様に，（Ⅱ）については図5.5に準じて作図すればよい.

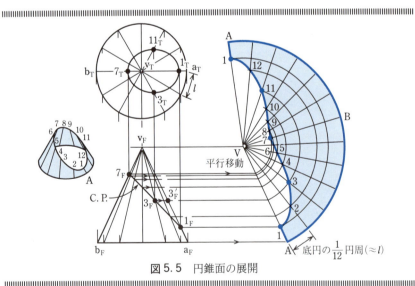

図5.5　円錐面の展開

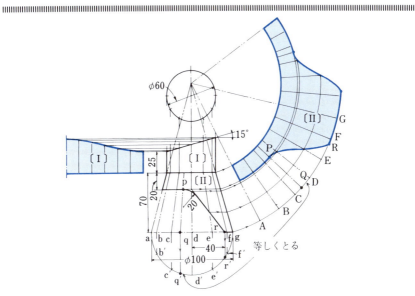

図 5.6　複合曲面（円柱面と円錐面）の展開

❸　錐面近似展開法 —— 球・紡錘形の展開

　球面，紡錘形などの曲面は，2つの緯度線で区切られる帯状の部分を考えると，それぞれの部分は，2つの緯度線を通る円錐面の一部で近似することができる．これらの近似円錐を順次展開していくと，全体の展開図は**図5.7**のようになる．

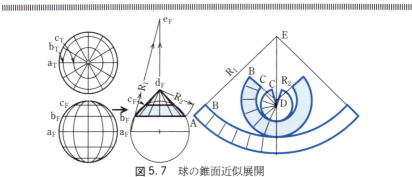

図 5.7　球の錐面近似展開

5.4　3角形展開法

　一般に，直線エレメントを有する曲面は，隣接する直線エレメントに囲まれた部分を4角形と考えて，これに対角線をいれて2つの3角形に分け，この3角形の実形を求めて，次々に平面上に並べていく方法で展開する．この方法を3角形展開法という．

　3角形展開法の例として，**図5.8**に示す，円Oと円 O′の等分割点を結ぶ直線エレメントをもった曲面（斜円錐台面）を展開する．作図の順序はつぎのとおりである．

（1）　図Tの大円および小円の円周を12分割して，それぞれの分割点を結んで直線エレメント $a_T a_T′, b_T b_T′, ……, g_T g_T′$ をつくる．次に隣り合う直線エレメント間の対角線 $b_T a_T′, c_T b_T′, ……, g_T f_T′$ を引く．これらに対応する図Fをつくる．

（2）　図Fの隣りに基準となる線 XY をひき，XY より左方に直線エレメントの図Tの長さ，右方に対角線の図Tの長さをとり，この図の斜辺から，直線エレメントと対角線の実長を作図する．

　　　このように，直線エレメントや対角線の実長を，回転法（3.3節❷，66頁参照）を応用して作図する図を，**実長線図**という．

（3）　直線エレメントと対角線の実長，および，図Tでの大円，小円の円周の1/12の長さをもとにして，3角形 AA′B, A′BB′, …… の実形を，順次つなぎあわせて展開図をつくる．

（4）　図に示すように，2つの斜円錐台面が交わっているときには，図Fで，直線エレメント $a_F a_F′, b_F b_F′$ などが相貫線と交わる点 $1_F, 2_F$ などから，直線エレメントの相貫線までの実長を（$1_F, 2_F$ から水平線を引き，対応する直線エレメントの実長線との交点 $1_F′, 2_F′$ とから）求めて，展開図上の点1，2をきめる．

　なお，この例で取り扱った曲面は斜円錐2又管といわれ，太い配管を細い2本の配管に，分岐接続するのに用いられる．

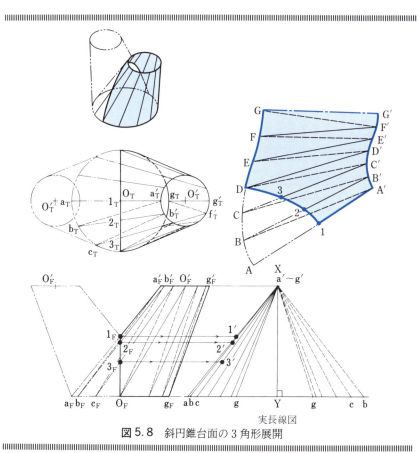

図5.8　斜円錐台面の3角形展開

展開練習問題

● **平行展開法**

1　図 5.9 に示す角柱の側面を展開せよ．

2　図 5.10 に示す円柱面を展開せよ．

3　図 5.11 に示す **4 片エルボ**（円柱面の組合せ）を展開せよ．

4　図 5.12 に示す曲面（紡錘形）を柱面近似展開法を用いて展開せよ．

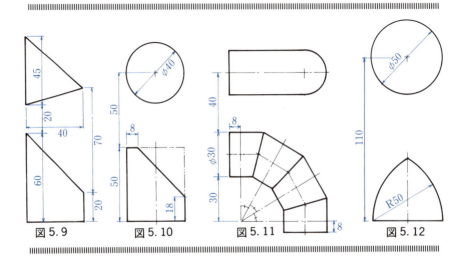

図 5.9　　　図 5.10　　　図 5.11　　　図 5.12

● **扇形展開法**

5　図 5.13 に示す角錐の側面を展開せよ．

6　図 5.14 に示す円錐面を展開せよ．

7　図 5.15 に示す**送風管**を展開せよ（製図例参照）．

　　注）この送風管は斜円錐面と平面から成っていることに注意せよ．

8　図 5.12 に示す曲面を錐面近似展開法を用いて展開せよ．

● **三角形展開法**

9　図 5.16 に示す **2 又管**（斜円錐台面）を 3 角形展開法を用いて展開せよ．

10　図 5.17 に示す大円 O_1，小円 O_2 の等分割点を結ぶ直線エレメントを有する曲面を 3 角形展開法を用いて展開せよ．

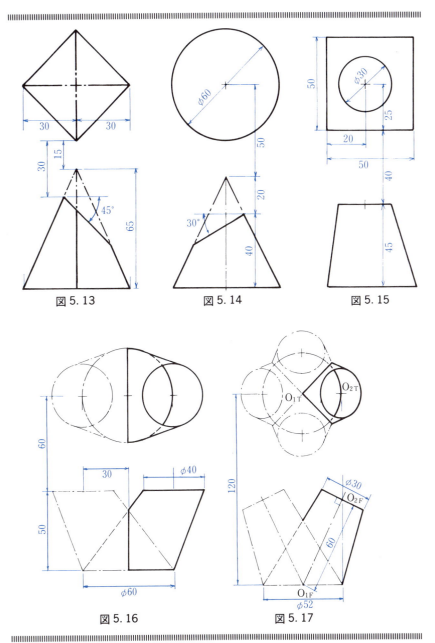

図 5. 13

図 5. 14

図 5. 15

図 5. 16

図 5. 17

展開製図課題・製図例

PL.5：練習問題のいずれかを選び，製図せよ．（製図例は練習問題7）

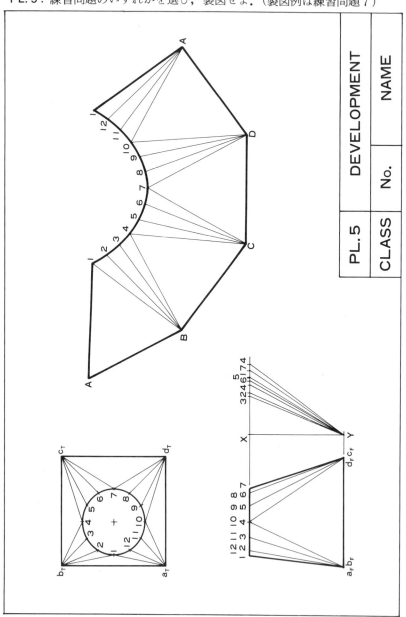

正・準正多面体

6.1　正多面体

　平面多角形で囲まれた立体を多面体という．多面体には，立方体，直方体，
多角柱，多角錐などがあるが，本節では，正多面体，次節では準正多面体につ
いて述べる．

　各面が合同な正多角形で，1つの頂点に集まる面が合同な正多角錐をつくる
凸多面体を，**正多面体**という．正多面体には**図6.1**に示す5種類があり，こ
れしかないことが知られている（コラム「正多面体はなぜ5種類？」参照）．
正多面体は，その形が整然としていること，5種類しかないことなどから，古
代には神秘性をもつ形とされていた．プラトンはこれらを自然界の元素と関連
付け，正4面体を火，正6面体を土，正8面体を空気，正20面体を水に，ま
た，正12面体を宇宙に対応させたことから，**プラトンの立体**ともよばれる．
　正多面体の図をかくには，その展開図を考え，これを図の上で組み立ててい
く．

❶　正4面体の作図

　正4面体の展開図は**図6.2a**のようになる，この形の周辺の面を起こして
いけば，もとの正4面体になる（**図6.2b**）わけで，この操作を図の上で行う．
　図6.2cに示すように，底面となる面 ABC を水平に，かつ，辺 AB を正面
図視線に平行において考える．側面 ABD^1 を辺 AB を軸として起こしていくと，
頂点 D^1 は，平面図で軸実長 $a_T b_T$ に垂直に動くように表わされる．同様に，側
面 ACD^2 を軸 AC を軸として起こしていくと，頂点 D^2 は軸実長 $a_T c_T$ に垂直に
動く．この起こしは，頂点 D^1，D^2 が一致するところ，すなわち，両者の回転
軌跡の交点 d_T で止まる．
　正面図では，面 ABD^1 を起こした際の頂点 D^1 の回転軌跡円が実形となって
おり，d_F は平面図との対応から定めることができる．

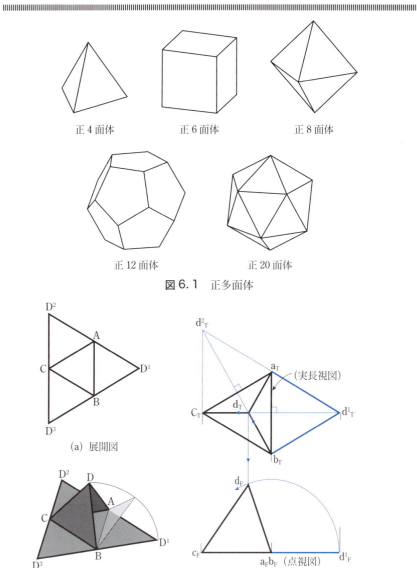

図6.1 正多面体

図6.2 正4面体の作図

（a）展開図

（b）展開図の組み立て

（c）作図

❷ 正12面体の作図

正12面体は正5角形12個からなる正多面体であり，その展開図は**図6.3a**のようになる．正12面体の図も正4面体と同じ考えでかくことができる．

まず，展開図の半分（正5角形6枚）を用い，正12面体の下半分を組み立てる（**図6.3b**）．

最初に，底面となる正5角形 ABCDE を水平，かつ，辺 AB が正面視線に平行になるようにかく（**図6.3c**）．なお，正5角形の作図は**図1.18**（11頁）によればよい．

つぎに，これと辺 AB を共有する側面の正5角形 $AF^1G^1H^1B$ をかき，これを起こすことを考える．起こすにつれ，平面図で各頂点 F^1, G^1, H^1 は軸実長 a_Tb_T に垂直に動く．同様に，隣りの側面 AEN^2PF^2 を軸 AE を軸として起こしていくと，頂点 F^2 は軸実長 a_Te_T に垂直に動く．この起こしは，頂点 F^1, F^2 が一致するところ，すなわち，両者の回転軌跡の交点 f_T で止まる．なお，交点 f_T は，立体の対称性から，底面の正5角形の中心 o_T と頂点 a_T とを結ぶ直線上にある．

正面図では，面 $AF^1G^1H^1B$ を起こした際の頂点 F^1 の回転軌跡円が実形となっており，f_F は平面図との対応から定めることができる．また，頂点 G^1 は，頂点 F^1 と同一面上にあり，F^1 と一緒に起こされるので，組みあがった際の頂点 G の正面図 g_F は，頂点 G^1 の回転軌跡円（実形）と面 AFGHB の直線視図の交点として定まる．頂点 F，G の高さは，それぞれ，l_1，l_2 である．頂点 G の平面図 g_F は正面図との対応から定められる．

ここで注意してもらいたいのは，立体の対称性から，平面図において，g_T，f_T は，底面の中心 o_T を中心とし，半径 o_Tf_T（$= o_Tg_T$）の円周上にあることである．

他の側面も，同様に起こしていくと展開図の半分を組み立てることができる．ここで，起こしの作図を繰り返す必要はなく，立体の対象性から，平面図において，頂点 i_T, .., p_T は円 O の10等分点として定めることができる（**図6.3d**）．また，正面図において，j_F, l_F, n_F は f_F と同じ高さ l_1 にあり，i_F, k_F, m_F, p_F は，g_F と同じ高さ l_2 にあり，平面図との対応によって定めることができる．このようにして作成された正12面体の下半分は，**図6.3b**，および，**図6.3d** に示すように，王冠のような形をしている．

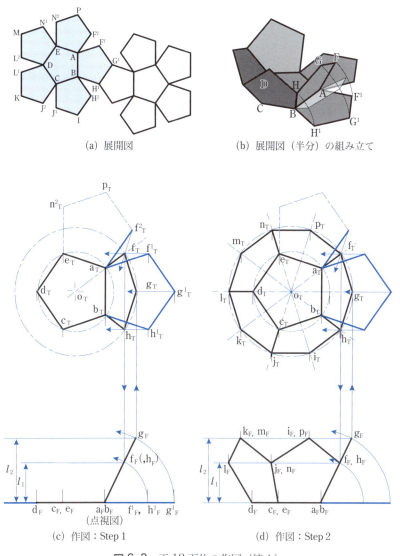

(a) 展開図   (b) 展開図（半分）の組み立て

(c) 作図：Step 1   (d) 作図：Step 2

図6.3 正12面体の作図（続く）

　残りの上半分は，下半分と合同である．**図 6.3e** に示すように，下半分を
上下にひっくり返したものを，対応する頂点が一致するように組み立てれば，
正 12 面体が完成する（**図 6.3f**）．立体の対称性から，平面図においては，
a_T，r_T,…，q_T は点 o_T を中心とし半径 o_Ta_T の円周の 10 等分点となっている．
また，正面図においては，上底を構成する頂点 r_F,…，q_F は，頂点 g_F,…，
p_F から l_1 上方にある．上半分をかくには，これらの対称性を利用すればよい．

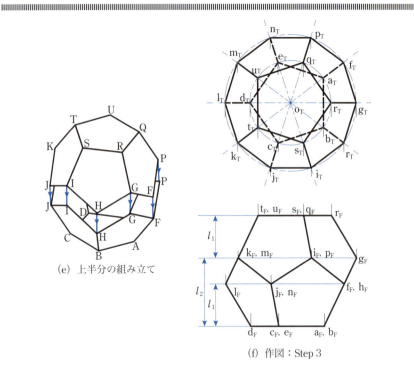

(e) 上半分の組み立て

(f) 作図：Step 3

図 6.3　正 12 面体の作図（続き）

6.2 準正多面体

準正多面体とは，各面がすべて辺の長さの等しい正多角形からなり．各頂点での多角錐がすべて合同な凸多面体である．このとき面の形は違った正多角形でよい．このような立体を，**アルキメデスの立体**ともいう．準正多面体は，分類にもよるが13種あることが知られている．

準正多面体は，たとえば，正多面体の隅を辺が等しくなるように切ったときに得られる（**図6.4**）．サッカーのボールによくある，正5角形と正6角形からなる準正多面体は，正20面体の頂点を切った形であり，**切頭20面体**とよばれている．

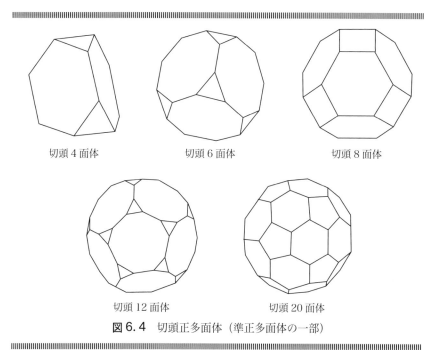

切頭4面体   切頭6面体   切頭8面体

切頭12面体   切頭20面体

図6.4 切頭正多面体（準正多面体の一部）

■　**正・準正多面体の応用**

　正4面体はティーバッグ（**口絵6a**）や**4脚ブロック**に応用される（**口絵 6b**）など，身近なものに応用されている．4脚ブロックは正4面体の中心を各頂点と結んだ4本の脚からなっている．波消しに用いられることから，転がりにくい形状として正多面体のうち最もトゲトゲしたこの形状が選ばれている．この形状は，自然界にもみられ，**ダイアモンド格子**は正4面体の中心と各頂点に炭素原子を配置した形状となっている（**口絵6c**）．

　正多面体を用いて空間を埋め尽くすには2つの方法がある．1つは正6面体（立方体）を用いる方法であり，いま1つは正4面体と正8面体を用いる方法である（**図6.5a**）．ここで，正4面体の各頂点を中心に，辺の長さを直径とする球を配置すると，この形状は**図6.5b**に示すように，球を空間に最も密度高く詰め込むもの（**最密充填／稠密充填**）となっている．皆さんが化学で学ぶ**面心立方格子**はこの形状となっている（**口絵7a**）．また，この形状は**立体トラス**に応用されており，一種類の棒材と一種類のジョイント部材のみを用いて様々な形状を作成できる（**口絵7b**）．

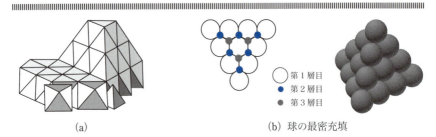

（a）　　　　　　　　　　（b）球の最密充填

○ 第1層目
● 第2層目
● 第3層目

図6.5　正4面体と正8面体による空間充填

　正12面体は，正多面体のうち最も美しい形状とされており，ランプシェード（**口絵8a**）に用いられている．また，プラトンによって宇宙を表す形状とされたことから，シドニー・オリンピックの閉会式におけるメインステージ（**口絵8b**）に用いられている．さらに，レーザー核融合実験装置（**口絵8c**：大阪大学レーザー科学研究所，"激光XII"）にも応用されている．この装置では，

正12面体の中心におかれた燃料ペレットに向けて，各面の中心から12本の
レーザー・ビームを集中・照射している．

　正20面体は初期の核探知衛星（**口絵9a**："ヴェラ"（NASA））に用いられ
ている．初期の人工衛星においては姿勢制御が難しかったため，どの向きにあっ
ても核爆発を探知できるように，正多面体のうちで最も球に近いこの形状が選
ばれている．各面には太陽電池が，また，各頂点にはX線センサーが配置さ
れている．正20面体を同心の球面上に投影し，さらに3角形に曲面分割する
構造は**ジオデシックドーム**とよばれ，モントリオール万国博のアメリカ館や富
士山レーダードーム（**口絵9b**）等に用いられている．

　準正多面体として，最も広く用いられているのが切頭20面体である．皆さ
んが見慣れているサッカーボールはこの形をしている（**口絵10a**）．切頭20
面体は60個の頂点を有しており，各頂点に炭素原子が配置された球状分子は
C60—フラーレン（**図6.6**）とよばれ，ナノテクノロジーにおいて有用なも
のとなっている．また，長崎に投下された原子爆弾（**口絵10b**）においてプ
ルトニウムを爆縮させる火薬の配置に，この形状が用いられた．

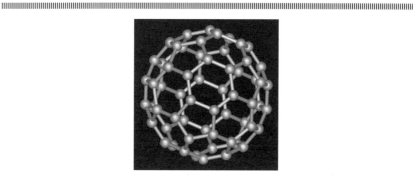

図6.6　C-60 フラーレン
（炭素骨格の直径：約 0.71nm）

コラム：正多面体はなぜ 5 種類？

　正多面体の構成面としては，正 3 角形，正 4 角形，正 5 角形の 3 種類が考えられる．正 6 角形はあり得ない．なぜなら，立体を構成するためには，1 つの頂点に最低 3 枚の面が集まることが必要であり，正 6 角形が 3 枚集まると平面となってしまい，立体として閉じなくなってしまうからである（**図 C6.1**）．

　次に，構成面の種類ごとに，1 つの頂点に集まる面の数を見てみる（**表 C6.1** 参照）．

　まず，正 3 角形を構成面とする場合には，3 枚，4 枚，5 枚が考えられる．それぞれ，正 4 面体，正 8 面体，正 20 面体となる．正 3 角形が 1 つの頂点に 6 枚集まると，一平面となり（**図 C6.2**），立体として閉じなくなってしまうため，これはあり得ない．

図 C6.1　1 頂点に正 6 角形が 3 枚

図 C6.2　1 頂点に正 3 角形が 6 枚

　正 4 角形を構成面とする場合には，3 枚が考えられ，これは正 6 面体（立方体）となる．正 4 角形が 1 つの頂点に 4 枚集まると，一平面となり，立体として閉じなくなってしまうため，これはあり得ない．

　最後に，正 5 角形を構成面とする場合には，3 枚が考えられ，これは正 12 面体となる．正 5 角形が 1 つの頂点に 4 枚集まって立体を構成することはできず，これはあり得ない．

表 C6.1　正多面体の構成

構成面	1 つの頂点に集まる面の数	正多面体
正 3 角形	3	正 4 面体
	4	正 8 面体
	5	正 20 面体
正 4 角形	3	正 6 面体（立方体）
正 5 角形	3	正 12 面体

正・準正多面体練習問題

1　**図6.7**の正3角形を一面とする正4面体をかけ.

2　**図6.8**の正3角形を一面とする正8面体をかけ.

3　**図6.9**の正5角形を一面とする正12面体をかけ.

4　**図6.10**の正3角形を一面とする正20面体をかけ.

　　注) 正20面体の頂点には正3角形が5枚集まって正5角錐を形成しており,

　　　　その底面は正5角形になっていることを利用せよ.

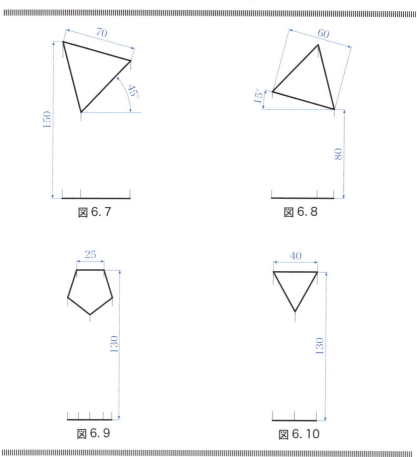

図6.7　　　　　　　　　　　図6.8

図6.9　　　　　　　　　　　図6.10

正・準正多面体製図課題・製図例（A4 判使用）

PL.6：練習問題のいずれかを選び，製図せよ．（製図例は練習問題 4）

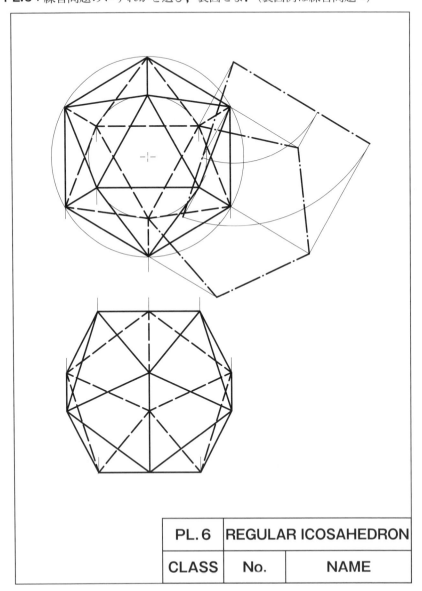

PL. 6	REGULAR ICOSAHEDRON	
CLASS	No.	NAME

7

工学上重要な曲面

7.1 曲面の分類

　曲面はエレメントによって，**図7.1**のように分類される．直線エレメントを
もつ曲面を**線織面**，もたない面を**複曲面**という．線織面は，さらに，展開可能
な**可展面**と，展開不可能な**ねじれ面**に分類される．

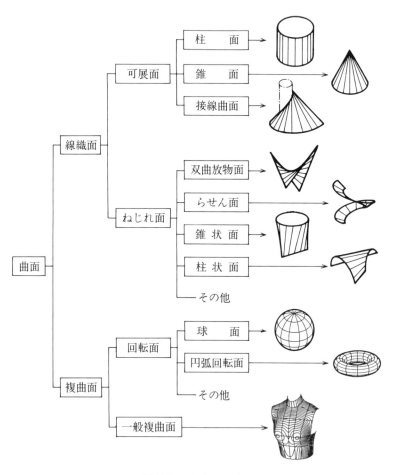

図7.1　曲面の分類

7.2　可 展 面

　立体の表面を，大きさを変えずに（面上の線の長さを変えずに）1平面上に
うつすことを展開といい，理論的に展開可能な曲面を**可展面**という．可展面は
線織面で，柱面，錐面，接線曲面の3種類があり，また，これ以外にはないこ
とが知られている．

　いうまでもなく，多面体（平面図形で囲まれた立体）は，隣り合う構成面を
稜線のところで開いて同一平面上に並べていくことが出来るから，展開可能で
ある（図7.2a）．この稜線を無限にふやしていくと曲面ができあがるが（図7.
2b），この曲面は展開可能である．この曲面はもとの多面体の稜線にあたる直線
エレメントをもっており，したがって，線織面である．

　この曲面の隣接する直線エレメントに囲まれた部分は，もとの多面体の構成
面にあたり，同一平面上にある．したがって，隣接する直線エレメントは同一
平面上にあり，両者は（1）平行，（2）相交 のいずれかでなくてはならない（ね
じれの位置にあってはならない）．隣接する直線エレメントがすべて平行である
とき，この曲面を**柱面**（図7.2c）という．また，隣接する直線エレメントがす
べて1点で交わるとき，この曲面を**錐面**といい（図7.2d），隣接する直線エレ
メントが互いに異った点で交わるとき，この曲面を**接線曲面**（図7.2e）とい
う．

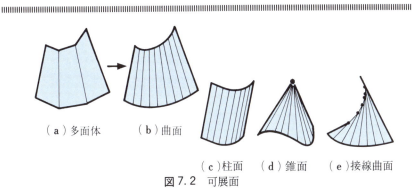

　　　（a）多面体　　　（b）曲面　　　　　（c）柱面　　（d）錐面　　（e）接線曲面

図7.2　可展面

❶　接線曲面

　隣接する直線エレメントが互いに異った点で交わって曲面を作るとき，この
エレメント群が包絡する1つの空間曲線が存在し，エレメントはこの空間曲線
の接線になっている（図7.2e）．つまり，この曲面は空間曲線の接線をエレメ
ントとする曲面である．そこで，この曲面を**接線曲面**という（もとの空間曲線を
反帰曲線という）．

　接線曲面の一例として，つるまき線の接線によってつくられる曲面，**ヘリカ
ル・コンボリュート面**について考えてみることにする．

　つるまき線は，点が直立円柱面上を一定角速度で回りながら，定速度で上昇
するときにえがく軌跡曲線である（**図7.3**）．つるまき線の投影は，基円柱面上
を単位角度回転して単位長さ上昇するとしてかく．1回転したとき昇る軸方向
距離を**リード**という．図に示すように，直立軸のつるまき線のF図は，正弦曲
線となる．

　図7.3に示すように，直立円柱に直角3角形の紙を巻きつけ（このとき斜辺
のつくる曲線がつるまき線），これをほどいていったとき，ほどけた部分の斜辺
はつるまき線への接線であるから，斜辺のえがく軌跡がヘリカル・コンボリュー
ト面である．

　曲面が底平面と交わる曲線は，直角3角形の頂点のえがく軌跡で，基円柱の
底円のインボリュート曲線（1.3節**❺**，18頁）である．すなわち，底円の接線の
長さを基点から接点までの弧の長さに等しくとった曲線である（弧の長さは，
1.3節**❸**14頁の方法による半円周を等分して求める）．

　この曲面のエレメントは，つるまき線の接線で，底円接点の真上の曲線上の
点とインボリュート曲線の対応点を結んだ直線である．

■　応用例

　図7.3のヘリカル・コンボリュート面の水平面による切口は，常に，インボ
リュート曲線になっている．この性質は，**はすば歯車**の歯面として利用されて
いる（**図7.4a，口絵11a**）．また，ヘリカル・コンボリュート面は，どこでも
（直線エレメントに沿っては）同じ勾配をもつ曲面なので，等しい勾配をもつつ
るまき線状の道路の土盛などに利用されている（**図7.4b**）．

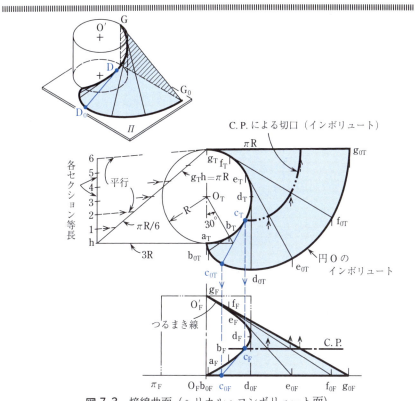

図 7.3 接線曲面（ヘリカル・コンボリュート面）

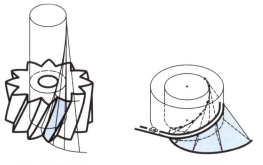

(a) はすば歯車　　　(b) 道路の土盛

図 7.4 ヘリカル・コンボリュート面の応用

❷　接平面包絡面

同一平面上にない2つの曲線に，同時に接する平面の包絡する曲面を，**接平面包絡面**とよぶことにする．この曲面は，2つの曲線を，1枚の紙で（折ったり，しわをよせたりしないで）包み込むときできる曲面ともいえる．この曲面の直線エレメントは，1つの接平面が2つの曲線に接する点を結んだ直線である．

この曲面は，平面と，前にのべた3種類の可展面――柱面，錐面，接線曲面――の合成曲面で，可展面である．

例として，**図7.5**に示すような下底円O_1と上底長円（O_2, O_2'）を結ぶ接平面包絡面を考えてみることにする．

直線エレメントは，円O_1上の任意の点a_{1T}での接線に平行な接線を長円（O_2, O_2'）に引き，その接点をa_{2T}としたとき，$a_{1T} a_{2T}$として定めることができる．ここで作った接平面包絡面は，平面（3角形）と斜円錐面の合成曲面となっていることが分るであろう．

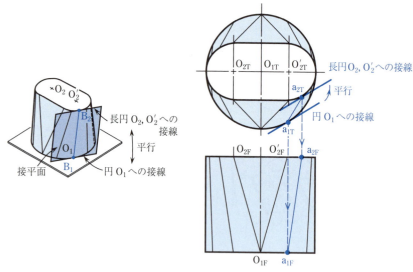

図7.5　接平面包絡面

■ **応用例**

図**7.6**のように，互いに直交する同一直径の円がその中心点間距離が半径となるように配置されているとき，その2つの円でつくられる接平面包絡面を**オロイド**という．

この面を床の上で転がすと，床と直線エレメントにおいて線接触し，酔っ払いが千鳥足で歩くような面白い動きをするので，オモチャとして用いられている（**口絵11b**）．また，湖沼の浄化の際，通常の攪拌機のプロペラでは汚物が絡まって使いにくいため，この形状が実用されている．

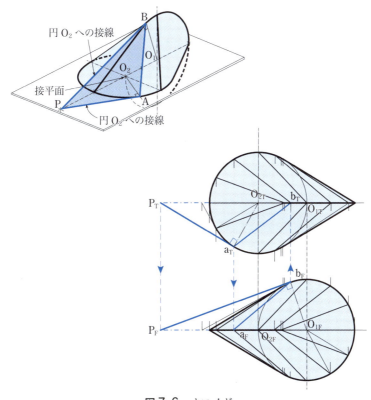

図**7.6** オロイド

7.3 ねじれ面

　隣接する直線エレメントが，ねじれの位置にある線織面を**ねじれ面**という．前節でのべた可展面以外の線織面は，すべてこのねじれ面で，この種の曲面は理論的には1平面上に展開することはできない．以下，工学上重要ないくつかのねじれ面を紹介する．

❶　双曲放物面

　ねじれの位置にある2本の直線を，定平面（**導平面**という）に平行な直線群で結んだときできる曲面を，**双曲放物面**という．

　図7.7a のようなひし形を対称にねじった形のねじれ4辺形を，導平面 Π に平行な直線エレメントで結ぶと双曲放物面ができる．この曲面上の1点Oを2本の直線エレメント（1-2，3-4）が通っていることが図からわかるであろう．Oにかぎらず曲面上のどの点でも2本の直線エレメントが通っている．

　この曲面は，図のように (x, y, z) 軸をとると，

$$\frac{x^2}{a^2} - \frac{y^2}{b^2} = 2cz \quad (a, b, c：定数)$$

と表される．水平面による切口は，上式で，$z = z_0$（一定）とおくと，

$$\frac{x^2}{a^2} - \frac{y^2}{b^2} = \pm 1 \quad (a^2 = 2a^2cz_0, \ b^2 = 2b^2cz_0：定数)$$

となって**双曲線**になる（**図b**）．また，鉛直面による切口は，例えば，$y = y_0$（一定）とおくと，

$$z = a''x^2 - b'' \quad (a'' = \frac{1}{2a^2c}, \ b'' = \frac{y_0^2}{2b^2c}：定数)$$

となって**放物線**になる（**図c**）．このように，双曲放物面は，双曲線または放物線をエレメントとする曲面とも考えられ，この名がある．

■　応用例

　双曲放物面は，直線エレメントを用いて様々な表情をもった曲面を設計することができるので，材木などの直線部材による建物の屋根，壁面などに用いられている（**双曲放物面シェル**という，**口絵12**）．

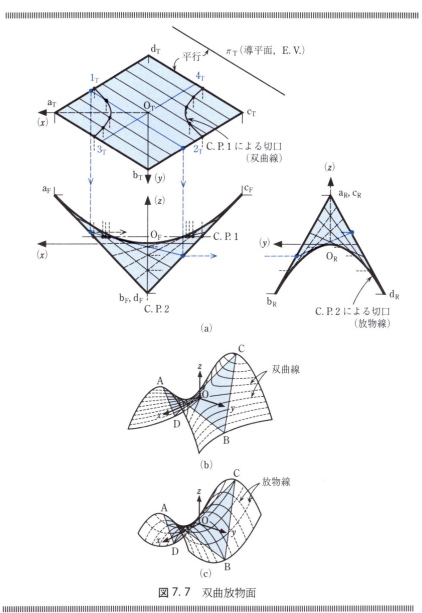

(a)

(b)

(c)

図 7.7 双曲放物面

❷ らせん面

定直線に交わる動直線が，定直線のまわりを等角速度で回転しながら軸に沿って等速度で上昇するときできる曲面を，**らせん面**という（図7.8）．動直線の先端のえがく曲線はつるまき線である．動直線が軸に垂直であるものを**常らせん面**，垂直でないものを**斜らせん面**という．

■ 応用例

この面を用いると，回転運動を軸方向運動にかえることができるので，**ねじ，らせん階段，ファン**（プロペラ，スクリュー）などに広く用いられている（**口絵13**）．

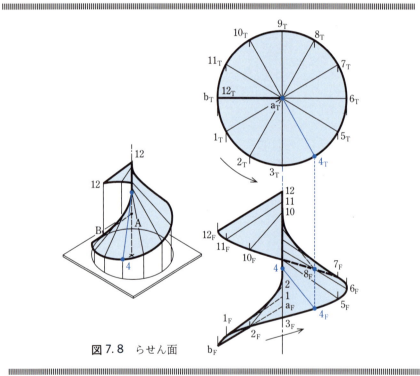

図7.8 らせん面

❸　単葉双曲回転面

　図 7.9 のように，ねじれの位置にある 2 直線 AB，CD のうち，一方の AB を軸として，他方の CD を回転した時に生ずる面を**単葉双曲回転面**という．図のように，軸が直立していれば，正面図における曲面の外形包絡線は軸 AB を軸とする双曲線となり，座標軸 AB の周りに双曲線を回転した形となることからこの名がある．

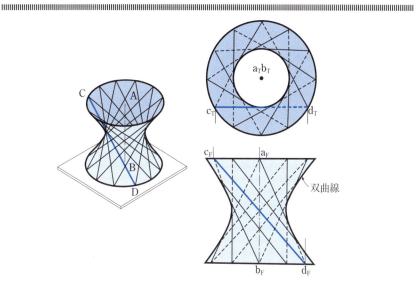

図 7.9　単葉双曲回転面

■　応用例

　単葉双曲回転面は直線エレメントを持っており，材木などの直線部材を用いて曲面を作ることができるため，建築や家具などに使用されている（**口絵 14**）．

　また，2 つの単葉双曲回転面を互いの直線エレメントで線接触させることにより，一方を回せば他方を回すことができる．この原理を応用して，ねじれの位置にある 2 軸のまわりに，動力を伝達する機構が考えられ，ねじ歯車，ハイポイド歯車などに応用されている．

❹　その他のねじれ面 ── ねじれ錐面・錐状面など

図 7. 10 に示す下底円 O_1 と上底長円（O_2, O_2'）を結ぶ曲面は無数に存在する（すでに，7. 2節❷でみた接平面包絡面が，その一例である）.

図 7. 10a 図Tで，中心 O_{1T} と円周上の等分割点を結び，上底長円と交わらせる. このような直線エレメントをもつ曲面を考えると，この曲面は，「2つの曲線（下底円と上底長円）と1直線（O_1 を通る鉛直線）に交わる直線エレメントをもった曲面」とみなせる. これを，**ねじれ錐面**という.

また，図 7. 10b 図Tに示すように，下底円の円周と上底長円の円周を平行に結び，このような直線エレメントをもつ曲面を作ると，曲面 ABB'A' は「1直線（A'B'）と，それと同一平面上にない1曲線（AB）上の点を，他の定平面（Ⅱ）に平行な直線で結んだ曲面」とみなせる. これを**錐状面**という.

■　応用例

これらのねじれ面は，開口部をつなぐ部分などに用いられる（**口絵 15**）.

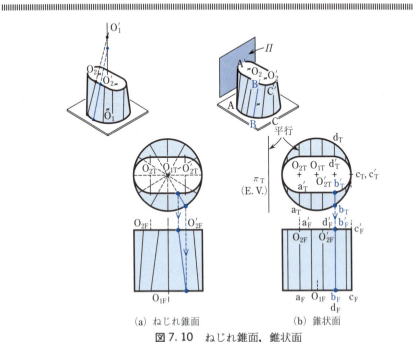

(a) ねじれ錐面　　　　　(b) 錐状面

図 7. 10　ねじれ錐面，錐状面

7.4 複曲面

　直線エレメントをもたない曲面を**複曲面**という．このうち，工学的に最も多く用いられるのは，球面および円弧回転面であり，本書では既に第2章で取り扱った．

　放物線を，その軸周りに回転させてできる曲面を**回転放物面**という．放物線においては，軸に平行に入射してくる光（電磁波）は反射されて**焦点**に集まる．逆に，焦点に置かれた光源からの光は反射されて軸に平行な光となる（**図7.11，図1.31**（15頁）参照）．回転放物面は，この性質を利用して，**パラボラアンテナ**や電灯の笠として利用されている（**口絵16**）．

　航空機や自動車のボディーなどの曲面，あるいは，人体表面などの自然界に存在する曲面（これらを**一般複曲面**，または，**自由曲面**という）の多くは複曲面である．これらの複雑な曲面を，定規とコンパスを用いて表現するのはなかなかやっかいな作業であったが，最近では，これらの曲面をコンピュータを用いて比較的簡単に取り扱えるようになってきた（**口絵17，図7.12**）．

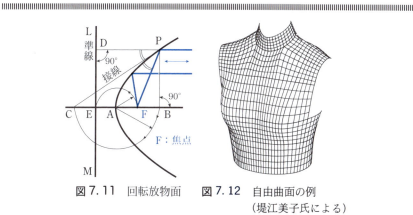

　　図7.11　回転放物面　　図7.12　自由曲面の例
　　　　　　　　　　　　　　　　　　　　（堤江美子氏による）

コラム：歯車の"歯"はどんな形？

　歯車のイラストとして**図C7.1**のような長方形の歯型が描かれることが多いが，これでは回転運動を等角速度で伝達することができない！

　実際の歯型として，よく使われるのは**インボリュート**曲線（**図1.37**（19頁）参照）である．**図C7.2a**に示すように，基円をO_1, O_2とする2つのインボリュート曲線I_1, I_2を点Pで接触するようにおく．このとき，2つのインボリュート曲線の点Pにおける接線は一致していて同じ直線ABとなる．法線は接線に垂直であることから，法線T_1Pと法線T_2Pは一直線T_1T_2上にある．ここで，2つのインボリュート曲線を接触させたまま，基円O_1とそのインボリュート曲線I_1を回転すると，インボリュート曲線I_2はインボリュート曲線I_1に"押されて"回転し，同時に基円O_2も回転する．回転後の接点をQとすると，法線T_1Qと法線T_2Qは先の直線T_1T_2上にある．このように，2つの円の回転運動を，それぞれの円のインボリュート曲線の接触により伝達すると，ちょうど2つの円にベルト（T_1T_2）を掛けたように，等角速度で伝達することができる．インボリュート曲線に軸方向に厚みも持たせて作った歯車を**すぐば（直歯）歯車**という（**図C7.2b**）．

　すぐば歯車では，同時にかみ合う歯は1〜2枚である．かみ合う歯数を多くするには，すぐば歯車を薄く切断し，少しずつずらせて段々に重ねればよい．この切断幅を無限小にしたものが**はすば（斜歯）歯車**（**図7.4a，口絵11a**）であり，より滑らかに回転運動を伝達することができる．

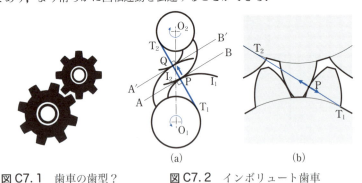

図C7.1　歯車の歯型？　　　　図C7.2　インボリュート歯車

曲面練習問題

● **可展面**

1　図 7.13 の O−O′ を軸とする直径 30 mm，リード 48 mm のつるまき線を点Aから左（上）まきにかき，これによってつくられるヘリカル・コンボリュート面をかけ．各直線エレメントはAを通る水平平面 Π までとする．

2　図 7.14 にある円 O_1 と長円$(O_2，O'_2)$を結ぶ接平面包絡面をつくれ．また切断面 C.P. による切口をかけ．

注）この曲面は斜円錐面（の一部）と平面の合成曲面となる．

3　図 7.15 にある 2 つの円O，Pを結ぶ接平面包絡面をつくれ．また，この曲面を 3 角形展開法を用いて展開せよ．

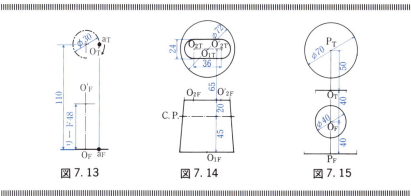

図 7.13　　　　　　　図 7.14　　　　　　　図 7.15

● **ねじれ面**

4　図 7.16 で，直線 AB，CD を結ぶ導平面 Π に平行な直線群によってつくられる双曲放物面をかけ．また，切断面 C.P. による切口をかけ．

5　図 7.17 に示す直線梁 1-6，2-5，3-4 を結ぶ正面平行平面に平行な直線群によってつくられる双曲放物面状の屋根をかけ．また，A方向からの副立面図をかけ．

6　図 7.18 の O−O′ を軸とし，AB を始点エレメントとする右(上)回りらせん面をかけ．

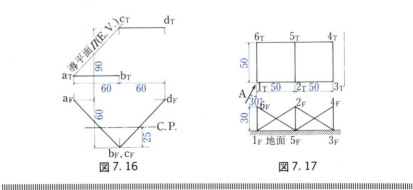

図 7.16   図 7.17

7 図 7.14 にある円 O_1 と長円 (O_2, O_2') を結び O_1 を通る鉛直線を軸とするね
　　じれ錐面をかけ．また，切断面 C.P. による切口をかけ．
　　注）問 2 でつくった接平面包絡面と比較せよ．

8 図 7.19 に示す大円 O_1，小円 O_2 の等分割点を結ぶ 4 又管をつくれ．ま
　　た，この曲面を 3 角形展開法を用いて展開せよ．
　　注）展開練習問題10（110頁）と同じ問題である．この曲面はねじれ面となる．

● **複曲面**

9 図 7.20 に示すトーラス（の一部）と円柱の相貫体をかけ．
　　注）正面平行な鉛直面を補助切断面として，切断法でとけ．トーラスの切口は円
　　になる．

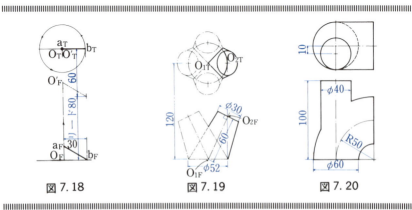

図 7.18   図 7.19   図 7.20

曲面製図課題・製図例（A 4 判使用）

PL. 7：練習問題のいずれかを選び製図せよ．（練習問題 5 の製図）

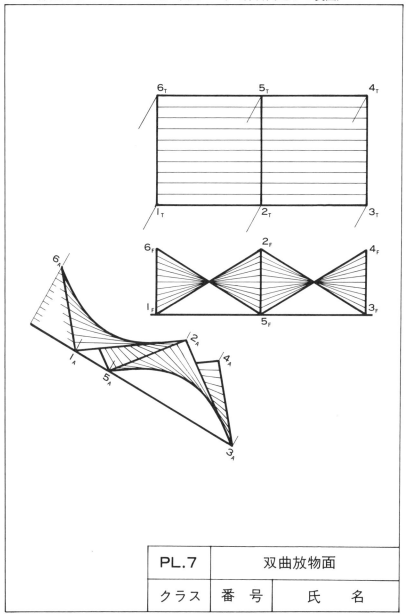

PL.7	双曲放物面	
クラス	番　号	氏　　名

製図例

PL. 7 （練習問題 8 の製図）

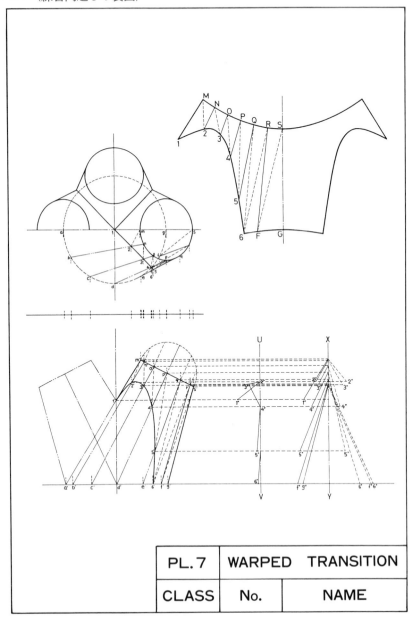

PL. 7	WARPED TRANSITION
CLASS	No.	NAME

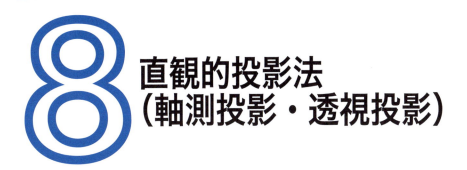

8 直観的投影法
（軸測投影・透視投影）

8.1 直観的投影法 ─────────────────────

第2章のはじめに，各種投影法を簡単に紹介してあるうちで，とくに説明用の図として，軸測投影図，透視投影図があげてある．これらの図法は，もとの立体の縦・横・高さの寸法比率は正しく表現しながら，具象的な絵のように，その立体を直観的にわかりやすく表現する方法で，テクニカル・イラストレーションと呼ばれる分野で，広く使われている．これらの図法による表現の違い，というより，見た感じの差をあげてみると次のようになる．

（1）　**直軸測投影図**　主座標系を斜め方向から見たときの，正投影法での副投影図に相当するもので，軸方向の寸法のプロポーションは正確である（**図8.1**）．しかし，平行投影なので，奥行きがいくら深くても寸法がかわらず，遠近感がない．かえって，奥行きがひろがってみえる錯覚を生ずるから，大きなものを近くから見た感じの図には適当でない．大きなものでも，離れて見たようにかけば不自然でないので，近頃では，建物の説明用の図にも，遠くから見ているように表現して，よく利用されている．

（2）　**斜軸測投影図**　正投影法とちがって，投影面に斜めの平行線で投影した図なので，出来上った図では，主座標面のうちの1つの実形，たとえば正面の実形が表現され，奥行きが斜め後方に目盛られた図になる（**図8.2**）．

　　　この方法は，立体の形は歪んで見えるが，第3の次元（奥行き）は実際の寸法に比例しているので，その角度と長さ（実寸との縮み比）とをうまくとれば，かなりの実在感のある図をつくることができる．

　　　この方法の利点は，1つの座標（平行）面は，直角座標の実寸でよいことで，前の直軸測投影にくらべ，作図は格段に容易になることである．

（3）　**透視投影図**　この投影図は，一定点を投影中心とし，立体上の点とこの点を結ぶ直線（投影線）が投影面と交わる点をその点の投影とする，いわゆる中心投影法による図である．

　　　この方法は，投影法の性質からわかるように，投影中心から遠いものは小さく，近いものは大きく表現するので，実際に我々が見ている状態に

近い表現の図が得られる．幾何学的な作図法による図では，もっとも絵画的な実在感のある図ということができるので，手による作図はやや面倒ではあるものの，古くから建築などの説明用の図として広く利用されている（**図 8.3**）．

CG によれば動画も作成できるので，近年では，説明用の図の他に，ゲームや映画などに広く用いられている．

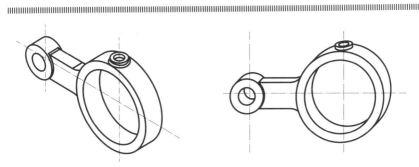
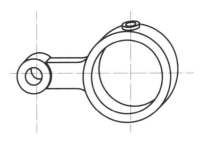

図 8. 1　直軸測投影図　　　　　図 8. 2　斜軸測投影図

(Autodesk 3ds Max 使用)
図 8. 3　透視投影図

8.2　直軸測投影図

❶　直軸測投影図

　直軸測投影図は，立体の直交3軸のどれにも斜めの方向からみた，正投影法の副投影図の1つである．しかし，いちいち主投影図から副投影図を起していたのでは手間がかかって仕方ないので，目的に沿うような向きの図に対して，直交3軸の表現と，それぞれの軸方向の縮んで見える縮み率とを計算で出してあって，そのどれかのセットをえらんで図をかくという手法がとられる．

　対象とする立体の主座標軸と，直軸測投影図をかく視線との傾きを，立体のx軸とα, y軸とβ, z軸とγとするとき，各軸の縮み率e_x, e_y, e_z, および，視線と各座標面となす角度と，直軸測投影図に表現されるx, y, z　3軸の図上でなす角度は次の関係にある．

$$e_x = \sin \alpha$$

$$e_y = \sin \beta$$

$$e_z = \sin \gamma$$

$$e_x{}^2 + e_y{}^2 + e_z{}^2 = 2$$

xy 面と視線のなす角度；$90° - \gamma$

yz 面と視線のなす角度；$90° - \alpha$

zx 面と視線のなす角度；$90° - \beta$

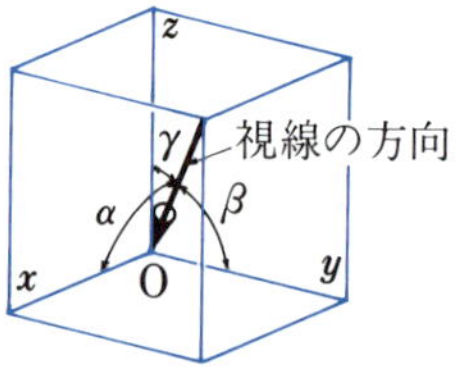

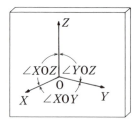

図8.4　直軸測投影図の性質

直軸測投影図のなかでの直交3軸の方向

$$\cos(\angle\, \mathrm{YOZ}) = -\cot \beta \cot \gamma$$

$$= -\frac{\sqrt{(1 - e_y{}^2)(1 - e_z{}^2)}}{e_y\, e_z}$$

$$\cos(\angle\, \mathrm{XOZ}) = -\cot \gamma \cot \alpha$$

$$= -\frac{\sqrt{(1 - e_z{}^2)(1 - e_x{}^2)}}{e_z\, e_x}$$

$$\cos(\angle\, \mathrm{YOX}) = -\cot \alpha \cot \beta$$

$$= -\frac{\sqrt{(1 - e_x{}^2)(1 - e_y{}^2)}}{e_x\, e_y}$$

図8.5　直軸測投影図における
立体の主座標軸の表現

❷ 直軸測投影図の作り方

前節のように，出来上った直軸測投影図では，もとの立体の直交3軸の投影の向きと，それぞれの軸方向の縮み率，および各座標面の視線に対する傾きとは，そのどれか1組がきまれば他の2組はきまってしまう．

この値を計算しておけば，すぐにも図がかけるので，縮み率の比が整数比になる場合，または座標軸投影の角度が30°とか45°とかいう，きりのよい値になる場合などについて，計算されたものがある．そのいくつかを**表8.1**に示しておく．しかし，実用例には，縮み率の比が，1:1:1の等測投影図と，$\frac{1}{2}$:1:1の2軸測投影図が，圧倒的な比率で使用され，そのほかは，特に必要である以外使われない．そこで説明は上の2つに重点をおくことにする．

表8.1 直軸測投影図一覧表

	軸 角 度		縮 み 率			楕円角度（約）		
	θ	ϕ	x	y	z	I	II	III
等 測 投 影	30°	30°	0.82 (1	0.82 : 1	0.82 : 1)	35°	35°	35°
2 軸 測 投 影	7°	41°	0.47 (1/2	0.94 : 1	0.94 : 1)	60°	20°	20°
	11°	39°	0.57 (5/8	0.91 : 1	0.91 : 1)	55°	25°	25°
	15°	37°	0.66 (3/4	0.88 : 1	0.88 : 1)	50°	30°	30°
	15°	40°	0.54	0.92	0.92	55°	25°	25°
3 軸 測 投 影	17°	25°	0.70 (3/4	0.81 : 7/8	0.93 : 1)	45°	35°	20°
	10°	20°	0.60	0.84	0.96	50°	35°	15°

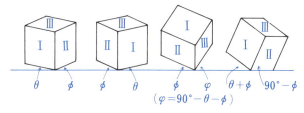

図8.6 直軸測投影図の例

❸ 等測投影図

　直交3軸が等しく傾いてみえ（図の上で120°おき），したがって3軸方向の縮み率が同じになる（$\sqrt{2}/\sqrt{3} \approx 0.82$）直軸測投影図を，**等測投影図**という．このことばの英語名，Isometric Projection から，この図のことを**アイソメ図**とよぶこともあり，また**等角投影図**ということもある．

　この図は，直軸測投影図のなかで，もっとも簡単な方法であることから，一般の説明用の図として広く使用されている．等測投影図の作り方は，他の軸測投影図でも原理は同じなので，この図の作図法について，くわしく説明しておくことにする．

　直軸測投影図は，どれも，まず直交3軸の図上の向きをきめることからはじめる．等測投影図では，まず対象物によって，主軸を鉛直におくか，水平におくかをきめる．一般的には主軸は鉛直にするけれども，長い棒状の軸などは，主軸を水平におくことが多い．こうして主軸の向きをきめれば，他の2軸はそれと120°をなすように引く．

　各部の寸法は，それぞれの座標値にしたがって，この120°おきの斜交軸に沿って目盛っていくわけであるけれど，そのやり方にいくつかの方法がある．

（1）　**箱詰め法**

　　　　主として座標面に平行な平面で構成されている立体は，**図8.7**のように立体全体をかこむ直方体の等測投影をはじめにかいて，その直方体の稜に沿って寸法をきめていくとよい．この方法を箱詰め法という．

（2）　**座標投影法**

　　　　斜め平面を多くもつ立体は，箱詰め法でもかけるが，それよりも，平面図上の座標をとり，その上に高さをとるという方法がかき易いことが多い（**図8.8**）．

（3）　**分割投影法**

　　　　不規則な形状や，曲面をかくときには，上のどの方法でもできないので，結局，曲面をこまかく分割して，その分割点の座標を読みとり，それらをいちいち等測投影図の斜交座標点にうつすという面倒なことをしなければならない（**図8.9**）．

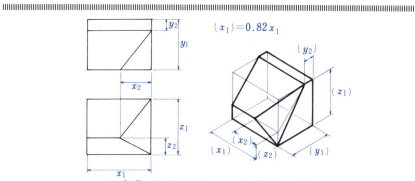

$(x_1) = 0.82\, x_1$

図 8.7 等測投影図のかき方（箱詰め法）

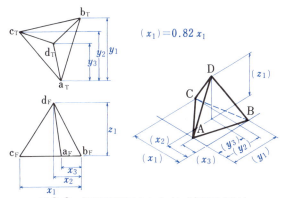

$(x_1) = 0.82\, x_1$

図 8.8 等測投影図のかき方（座標投影法）

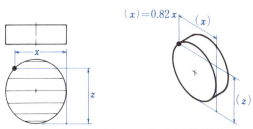

$(x) = 0.82\, x$

図 8.9 等測投影図のかき方（分割投影法）

❹ 等測尺と座標平行面上の等測円

等測投影の座標軸方向の縮み率は，$\sqrt{2}/\sqrt{3} = 0.8164\cdots$である．この尺度を**等測尺**といい，**図8.10**の方法で図的に換算できる．

もちろん，電卓で，$\sqrt{2}/\sqrt{3}$を定数として，各座標値に乗じてもよい．

また，互い120°をなす斜交軸を，約0.82 mmおきに，ちょうど方眼紙と同じように目盛った**斜眼紙**も市販されているので，これを利用してもよい．

座標平行面の上の円は，実際にはよく使われるものであり，その等測投影は，**楕円**（35°16′）となる．これを**等測円**という．

この傾きの楕円のテンプレートは，ひろく市販されているので，直径がテンプレートにある，きりのよい数値のときは，テンプレートを利用するのがよい．

テンプレートの使えないとき，コンパスを使って**近似楕円**をかく方法がいくつかある．近似楕円のかき方の例を**図8.11**に示しておく．座標面上の正方形をかき，Aを中心に半径R，Bを中心に半径rで円弧をえがき，点Cで接しさせる．

いずれの場合でも，座標平面上の円の投影楕円の向きは，**図8.12**のように，その座標面と垂直な第3軸方向に短軸をもつ楕円であり，長軸は当然第3軸に垂直であって，その長さは円の直径の実寸であることに留意されたい．

等測円作図の応用として，円柱の作図法について述べておく．**図8.13a**のように，(1)まず，円柱の両底円に対応する座標面上の正方形をかき，(2)次に，両底の等測円をかく．この時，見えない側の等測円は，一部のみかいておけばよい．(3)最後に，円柱の側面の輪郭線をかき，図を完成させる．輪郭線は，互いに平行で，両底円を表す楕円への接線になっていることに注意して欲しい．

機械部品等では円柱状の形が頻繁に使われる．**図8.13b**に簡単な例を示す．この図で，穴は横倒しの円柱であり，また，右側の形状は，半円柱である．それぞれ，**図8.13a**で説明した作図法を応用してかくことができる．

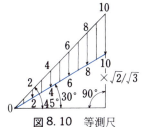

図 8.10 等測尺

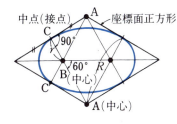

図 8.11 等測円（近似楕円）のかき方

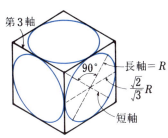

図 8.12 等測円の表現

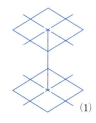
(1)

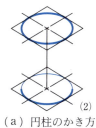
(2)

(3)

（a）円柱のかき方

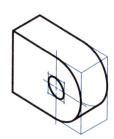

（b）円柱（円穴）形状を含む機械部品

図 8.13 円柱のかき方とその応用

❺　2 軸測投影図

　直軸測投影図のうち，主座標軸の縮み率が 2 種類になるものを**2 軸測投影図**
という．したがって，主座標軸のうち，2 つは同じ縮み率で，他の 1 つが縮み
率の異なる場合である．その組み合わせはいくらでもありうるけれど，よく用
いられるのは，まえにのべた，縮み率の比が $\frac{1}{2}:1:1$ のものである．

　このようなプロポーションが使われるのは，$1:1$ の軸でかこまれた面を，他
の 2 面（$\frac{1}{2}:1$ でかこまれた）にくらべて，強調したいときで，その面が前面で
あるか，側面であるか，上面であるかによって，**図 8.14** に示した立方体のよう
な，それぞれの向きの軸角度となる．

　2 軸測投影図であっても，図のかき方は等測投影図のかき方に準じて行うこ
とができる．その一例を**図 8.15** に等測投影図と比較して示しておく．

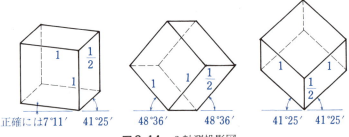

図 8.14　2 軸測投影図

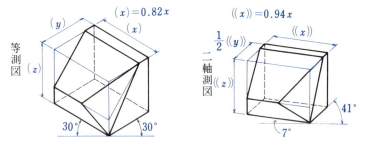

図 8.15　等測投影図と 2 軸測投影図

8.3 斜軸測投影図

　斜軸測投影図は，投影面に対し斜め平行線による投影図である．したがって，正面を実形として投影したとき，奥行きは斜め後方に表現される．図上での奥行き座標軸の傾き，縮み率は，投影方向がかわれば，任意の値をとりうる．

　そこで，この奥行き方向の角度，縮み率をどのようにとればよいかが，この図をわかりやすくするかどうかのキーポイントとなる．**図8.16** のような場合，奥行き方向が水平線となす角度 α は $30°\sim60°$ の間にとり，縮み率は $0.6\sim0.3$ の間にとるのが，一般的には見やすい．すなわち，$30°-0.6, 45°-0.5, 60°-0.3$ といった具合である．このうち，$45°-0.5$ のものは**キャビネット図**とよばれ，最も広く用いられている．**図8.16** に立方体でプロポーションを示してある．

　また，平面図を実形にして，高さ方向を斜めに示すときは，**図8.17** のように，高さを紙面で上下にとり，平面図は実形のまま，傾けてかくことが多いが平面図自体が複雑で，しかも，地図のようにその向きに意味のあるときには，高さを斜めにとる場合もある．

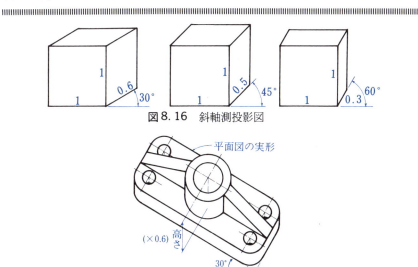

図8.16　斜軸測投影図

図8.17　斜軸測投影図（上面強調）の例

直軸測投影図・斜軸測投影図練習問題

● **直軸測投影図**

1 図8.18 の立体（モデル立体）の等測投影図をかけ.

　注）箱詰め法を用いるとよい.

2 図8.19, 20 に示す機械部品のいずれかを選び, 等測投影図をかけ.

　注）図8.19 は箱詰め法を, 図8.20 は座標投影法を用いるとよい.

3 図3.7, 図3.8（55頁）に示した各立体の等測投影図をかけ.

　注）箱詰め法を用いるとよい.

4 図4.9 a,b（85頁）に示した各立体の等測投影図をかけ.

　注）図4.9 a の立体は座標投影法を, 図4.9 b の立体は分割投影法を用いるとよ
　い.

5 図8.18 の立体を図8.14（152頁）に示した正面強調2軸測投影図でか
　け.

● **斜軸測投影図**

6 図8.16（153頁）にならって, 図8.18 の立体の斜軸測投影図（45°-0.5）
　をかけ.

7 図8.17（153頁）にならって, 図8.18 の立体の斜軸測投影図をかけ.

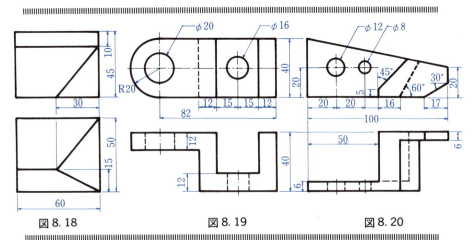

図 8.18　　　　　　　　図 8.19　　　　　　　　図 8.20

直軸測投影図・斜軸測投影図製図課題・製図例（A 4 判使用）

PL. 8a：練習問題のいずれかを選び，製図せよ．（練習問題 2（図 8. 19）の製図）

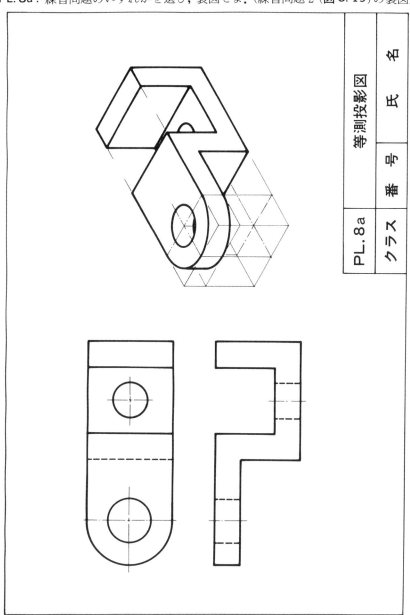

等測投影図　氏　名

PL. 8a　クラス　番　号

8.4　透視投影図 ━━━━━━━━━━━━━━━━━━━━━

❶　透視投影図の原則

　透視投影図は，中心投影の１つであって，**視点**という投影中心点と，対象の
上の点を結ぶ直線が，その途中においた，**画面**という投影面と交わった点を，
その点の透視投影とする（**図8.21**）．このとき，視点と画面の位置と，点Aの
透視投影 A_0 と，点Aの基面への正射影 a_T の透視投影 a_0 がわかれば，点Aの空
間座標は理論的に定まる．したがって，立体上の各点の透視投影をつくるとき
には，それぞれの点の基面への正射影の透視投影も同時に考慮に入れておく必
要がある．

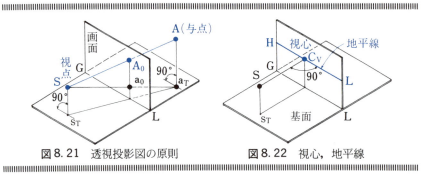

図 8.21　透視投影図の原則	図 8.22　視心，地平線

　透視投影図の上での特別な点，線としては次のようなものがある（**図8.
22**）．

（1）　視点から画面に下した垂線の足を**視心**という．

（2）　視心を通る画面上の水平直線を**地平線**という．これは，基面上にあって
　　　　無限遠の距離にある点の透視投影の集りである．

❷　直接法による作図

　透視投影図の作図は，視点，画面および立体上の点のすべてを，正投影図の
関係で表現しておいて，透視視線と画面との交点を定め，その実形を表現する
副投影図を表す，という手順をとる．このような作図法を**直接法**という．直接
法では，透視投影系の平面図と，画面の実形を表す副立面図と，それを真横か

らみる一種の側面図的な副投影図の組み合わせをつかう．言葉だけではわかり
にくいと思うので，**図8.23**でその組み立てをみてもらうことにする．

　対象の立体はモデル立体で，これに対し，画面P‐P（平面図）を設定する（**図
a**）．視点はS（平面図 s_T）である．ここで，P‐Pが図上水平になるようにか
きなおし，副立面図P，副投影図A（側面図）をつくると**図b**のようになる．

　ここで，点Eの透視投影は，s_T と e_T とを結んで p_Tp_T と交わった点1と，側
面図Aの中の点Eの投影 e_A と，図A中の視点の投影 s_A とを結んだ線が，画面
p_Ap_A と交わった点2から，対応線をひいて交わった点 E_0 である．この方法で完
成した図が**図8.23b**である．

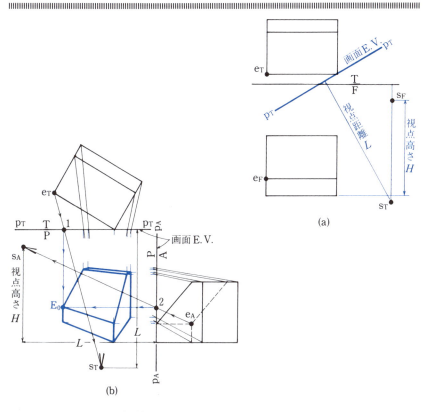

(a)

(b)

図8.23　直接法による透視投影図の作図

❸　消　点

　透視投影の原則からいって，直線の透視投影は，直線上の無限遠点の透視投影，すなわち，視点からその直線にひいた平行線が画面と交わる点でおわる有限の直線となる．この終点を，その直線の**消点**という．始点は，その直線が画面と交わる点である（**図8.24**）．

　この定義にしたがえば，平行な直線群の消点はすべて同じ点となる．この性質は，ある一方向にそろった平行線をもつ立体の透視投影図をかくとき，たいへん便利な性質であり，また，実在する立体には，そのような形がしばしばみられる．

　水平な直線は，その高さがどうであろうと，視点からの平行線は水平となるから，その消点はさきにのべた，地平線の上にある．この性質もまた便利な性質である．

　たとえば，水平直線 AA′ の透視投影は，AA′が画面と交わる点 M_0（始点）から始まってSから AA′ に対して平行にひいた線が画面と交わる点 V_1（消点）で終る．BB′はそれに平行なので，消点は同じ M_0 で，始点は，BB′が画面と交わる点 N_0 である．

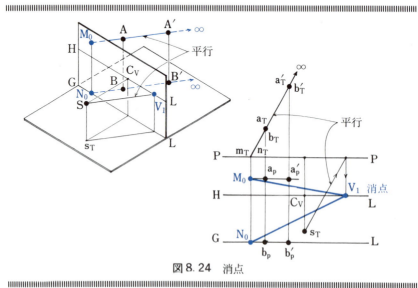

図8.24　消点

❹ 消点法による作図

平行な直線群をもつ立体，たとえばまえの**図8.23**の立体のようなものは，消点を利用すると少ない手間で，しかも正確に透視投影図をかくことができる．

作図の手順は，**図8.25**に示すように

（1） s_T から各辺の平面図（$i_T j_T$ など，$g_T i_T$ など）に平行線をひき P–P と交わらせる．これが消点の平面図だから，画面上にうつすことになるが，このとき，各辺は水平だから，消点の画面像は地平線 H–L の上に来る．

（2） 各辺を画面まで延長し交点（始点）をもとめる．たとえば $a_T b_T \longrightarrow m_T$，$g_T h_T \longrightarrow n_T$，$h_T j_T \longrightarrow r_T$，$b_T d_T \longrightarrow q_T$ などをもとめ，画面上にそれぞれの高さをとる．この点が各点の透視投影となり，M_0, N_0, R_0, Q_0 となる．

（3） 各辺の透視投影（たとえば $M_0 V_1, N_0 V_1 ; R_0 V_2, Q_0 V_2 \cdots$）をつくる．それらの交点から，$G_0, H_0, I_0, J_0$ などをきめる．

（4） AC の透視投影は，$a_T c_T$ の延長と P–P の交点 t_T，その基面への正射影 u_T をつくり，画面上に高さをとって，T_0, U_0（基面上）をとる．C_0 は $U_0 V_2$ と $I_0 V_1$ の交点 X の真上，$T_0 V_2$ 上にある．

この例に示したような，2 つの消点（V_1, V_2）をもつ透視投影図を **2 消点透視図**ということがある．

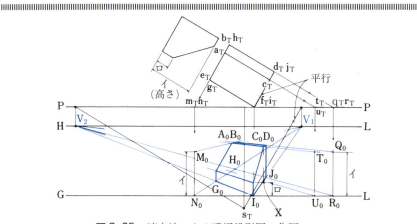

図8.25 消点法による透視投影図の作図

❺ 正面を画面に平行においた透視投影図

画面に平行に正面をおくと，正面平行図形はすべて原形の相似形となる．

この配置は作図がやさしいので古来よく用いられている．ここで問題となるのは，奥行き寸法の表現と，有限奥行きをもつ正面平行面の縮み率である．

そこで，床（基面）の上に，画面に平行な辺をもつ正方形の枠組みタイルを考えれば，いわば床の上の方眼紙となるから，その透視投影図をつくれば，方眼の枠組みができたことになる．

この正方形群の対角線は，水平 $45°$ 方向の直線群であるから，この消点は，s_T から $45°$ 方向にひいて，**図 8.26a** にあるように D ときめることができる．また，画面垂直辺の消点は C_V であるから，床面正方形タイルは，図のように透視図にかくことができる．

また，これがいくつも続いているときは，まったく同じ理由で，**図 8.26b** のように続けて正方形の作図ができる．正方形であるからここの奥行き $\overline{1\,2}$，$\overline{2\,3}$，$\overline{3\,4}$，$\overline{4\,5}$，…はいずれも実寸法は同じで，$\overline{AB}$ と同じであることはすぐにわかるであろう．

この $45°$ 方向直線の消点 D は，また，**距離点**ともよばれている．

2 消点透視図，および，正面平行透視図の例を**図 8.27** に示しておく．

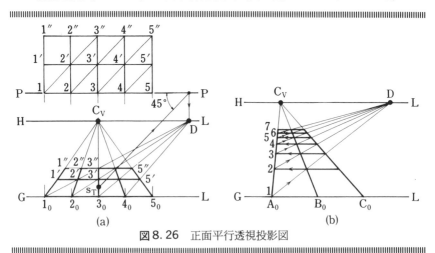

図 8.26 正面平行透視投影図

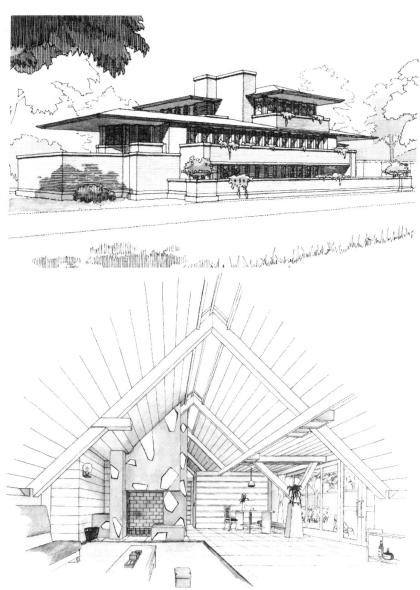

図8.27　透視投影図の例（学生作品）

透視投影図練習問題

1　図8.28 の配置で，透視投影図をかけ．

2　図8.29 の配置で，透視投影図をかけ．

3　図8.30 の配置で，正面を画面に平行においた透視投影図をかけ．

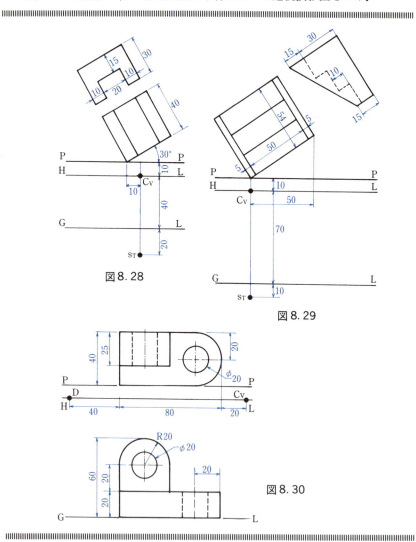

図8.28

図8.29

図8.30

透視投影図製図課題・製図例（A 4 判使用）

PL. 8b: 練習問題のいずれかを選び，製図せよ．（練習問題 1 の製図）

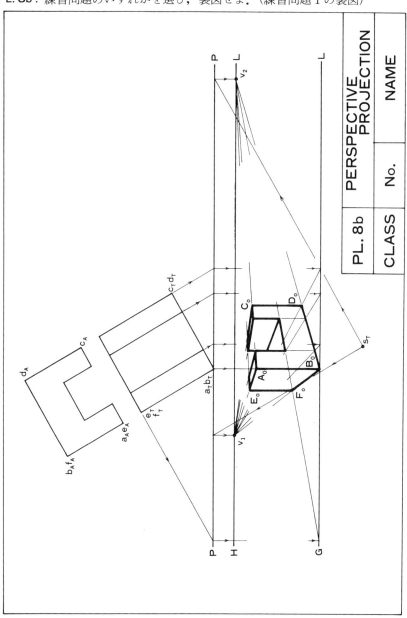

製図例 ━━━━━━━━━━━━━━━━━━━━━━━━━━━━━━

PL. 8b（その2）：（練習問題3の製図）

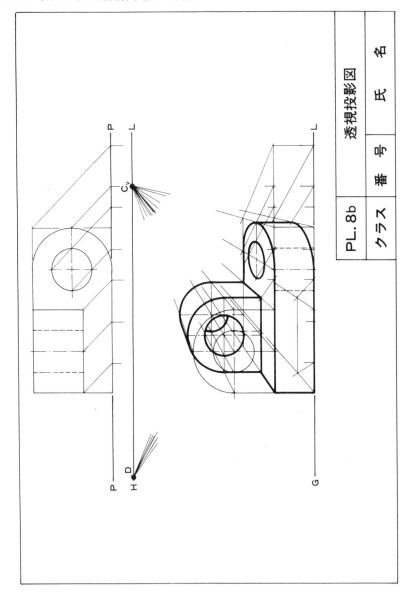

付録 A　CG/CAD とは

　本書では，2次元の平面図形を作図する方法や，3次元の立体図形を，投影という手段を用いて2次元の図として表現し，さらに，その図を用いて立体図形の解析を行う方法について述べてきた．これらは，図法幾何学とよばれ，定規とコンパスを用いた作図をもとにしている．これに対し，このような図形の作成や解析をコンピュータを用いて行うのが**コンピュータ・グラフィックス**（**Computer Graphics，CG** と略する）である．

　CG は，映画やゲームなど，様々な分野に応用されており，これを設計製図に応用したのが **CAD**（**Computer Aided Design**）である．さらに，CAD に得られた形状情報を，直接，工作機械に導入し，工作機械を制御してものを作るのが **CAM**（**Computer Aided Manufacturing**）であり，応力解析等の様々な解析を行うのが **CAE**（**Computer Aided Engineering**）である．

　CG/CAD 等においても，立体形状の取り扱いは，図学で学んだ幾何学を基にしており，また，3次元立体の図的表現に投影が用いられている．CAD においては**直投影**が，また，映画などの CG においては**透視投影**が多く用いられている．

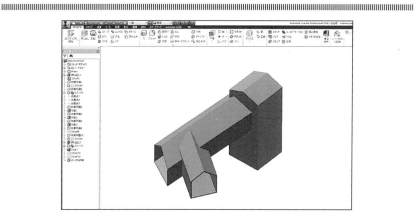

図 A.1　CAD の操作画面（製図例 PL.4c に示す立体形状の作成）

付録B　機械製図に関するJIS規格（抄録）†

Technical drawings for mechanical engineering

1　適用範囲

　この規格は，**JIS Z 8310**（製図総則）に基づき，機械工業の分野で使用する，主として部品図及び組立図の製図について規定する．

5　図面の大きさ及び様式

5.1　図面の大きさ　図面の大きさは，次による．

　a)　図面に用いる用紙のサイズは，**表1**，**表2**（略）及び**表3**（略）に示すシリーズから，この順に選ぶ．

　b)　原図には，対象物の必要とする明りょうさ及び適切な大きさを保つことができる最小の用紙を用いる．

表1　A列サイズ（第1優先）

単位　mm

呼び方	寸法 $a \times b$
A0	841×1189
A1	594×841
A2	420×594
A3	297×420
A4	210×297

---

† ここにのせる規格は，「**機械製図：JIS B 0001**」（日本規格協会）の抄録である．章・節番号及び図・表番号は，元の規格に合せてあるので，ここにあげる抄録では通っていないことに注意．

6　線

6.1　線の太さ　線の太さの基準は，0.13 mm，0.18 mm，0.25 mm，0.35 mm，0.5 mm，0.7 mm，1 mm，1.4 mm 及び 2 mm とする．

6.2　線の種類及び用途　線は，線の用途によって，**表 5** のように用いる．ただし，細線，太線及び極太線の線の太さの比率は，1：2：4 とする．

表 5　線の種類及び用途

用途による名称	線の種類		線の用途	図 6 の照合番号
外 形 線	太い実線	———————	対象物の見える部分の形状を表すのに用いる．	1.1
寸 法 線	細い実線	———————	寸法記入に用いる．	2.1
寸法補助線			寸法を記入するために図形から引き出すのに用いる．	2.2
引 出 線			記述・記号などを示すために引き出すのに用いる．	2.3
回転断面線			図形内にその部分の切り口を 90° 回転して表すのに用いる．	2.4
中 心 線			図形に中心線（4.1）を簡略化して表すのに用いる．	2.5
かくれ線	細い破線又は太い破線	- - - - - - -	対象物の見えない部分の形状を表すのに用いる．	3.1
中 心 線	細い一点鎖線	—-——-—	a) 図形の中心を表すのに用いる． b) 中心が移動する中心軌跡を表すのに用いる．	4.1 4.2
基 準 線			特に位置決定のよりどころであることを明示するのに用いる．	
ピッチ線			繰返し図形のピッチをとる基準を表すのに用いる．	
想 像 線 [b)	細い二点鎖線	—--——--—	a) 隣接部分を参考に表すのに用いる． c) 可動部分を，移動中の特定の位置又は移動の限界の位置で表すのに用いる．	6.1 6.3
破 断 線	不規則な波形の細い実線又はジグザグ線	〜〜〜〜	対象物の一部を破った境界，又は一部を取り去った境界を表すのに用いる．	7.1

表 5 線の種類及び用途（続き）

用途による名称	線の種類		線の用途	図 6 の照合番号
切 断 線	細い一点鎖線で，端部及び方向の変わる部分を太くした線 d)		断面図を描く場合，その断面位置を対応する図に表すのに用いる．	8.1
ハッチング	細い実線で，規則的に並べたもの		図形の限定された特定の部分を他の部分と区別するのに用いる．例えば，断面図の切り口を示す．	9.1

注 b) 想像線は，投影法上では図形に現れないが，便宜上必要な形状を示すのに用いる．また，機能上・加工上の理解を助けるために，図形を補助的に示すためにも用いる．
　　d) 他の用途と混用のおそれがない場合には，端部及び方向の変わる部分を太い線にする必要はない．

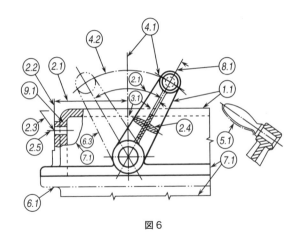

図 6

6.3 線の優先順位
図面で 2 種類以上の線が同じ場所に重なる場合には，次に示す順位に従って，優先する種類の線で描く．

　a) 外形線

　b) かくれ線

　c) 切断線

　d) 中心線

　f) 寸法補助線

7　文字及び文章

7.1　文字の種類及び高さ

7.1.1　**文字の種類**　文字の種類は，次による.

a)　用いる漢字は，常用漢字表（昭和 56 年 10 月 1 日内閣告示第 1 号）によるのがよい.ただし，16 画以上の漢字はできる限り仮名書きとする.

b)　仮名は，平仮名又は片仮名のいずれかを用い，一連の図面においては混用しない.ただし，外来語，動物・植物の学術名及び注意を促す表記に片仮名を用いることは混用とはみなさない.

c)　ラテン文字，数字及び記号の書体は，A 形書体又は B 形書体（**図 11**）のいずれかの直立体又は斜体を用い，混用はしない.ただし，量記号は斜体，単位記号は直立体とする.

7.1.2　**文字高さ**　文字高さは，次による.

a)　文字高さは，一般に文字の外側輪郭が収まる基準枠の高さ h の呼びによって表す.

b)　漢字の文字高さは，呼び 3.5 mm，5mm，7 mm 及び 10 mm の 4 種類とする.また，仮名の文字高さは，呼び 2.5 mm，3.5 mm，5 mm，7 mm 及び 10 mm の 5 種類とする.ただし，特に必要がある場合には，この限りでない.

d)　ラテン文字，数字及び記号の文字高さは，呼び 2.5 mm，3.5mm，5 mm，7 mm 及び 10 mm の 5 種類とする.ただし，特に必要がある場合には，この限りではない.

f)　漢字の例を**図 9**（略）に，仮名の例を**図 10**（略）に，ラテン文字及び数字の例を**図 11** に示す.

　　注記　この図は，書体及び字形を表す例ではない.

大きさ　9 mm　**1234567890**

大きさ 6.3 mm　*ABCDEFGHIJ*

abcdefghijklm

図 11　B 形斜体の数字及びラテン文字の例

8　投影法

8.1　一般事項　投影図は，第三角法による．（略）

8.2　投影図の名称　図 12 に示す対象物の投影図の名称は，次による．

a 方向の投影＝正面図
b 方向の投影＝平面図
c 方向の投影＝左側面図
d 方向の投影＝右側面図
e 方向の投影＝下面図
f 方向の投影＝背面図

図 12　投影図の名称

　正面図（主投影図）が選ばれる（**10.1.1** 参照）と，関連する他の投影図は，正面図及びそれらのなす角度が $90°$ 又は $90°$ の倍数になる（**図 12**）．

8.3　第三角法　第三角法は，正面図（a）を基準とし，他の投影図は次のように配置する（**図 13**）．その場合には，**図 14** に示す投影法の記号を表題欄の中又はその付近に示す．

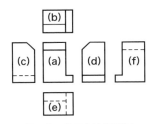

図 13　第三角法投影図

図 14　第三角法の記号

8.6　その他の投影法　対象物の形状を理解しやすくする目的などから，立体図を描く必要がある場合には，等角投影，斜投影，透視投影などを用いて描く．

9　尺度

尺度は，**JIS Z 8314** に基づいて，次による．

a)　尺度は，A：B で表す．

ここに，

　　A：描いた図形での対応する長さ

　　B：対象物の実際の長さ

なお，現尺の場合には A：B をともに 1，倍尺の場合には B を 1，縮尺の場合には A を 1 として示す．

　　例 1　現尺の場合 1：1

　　例 2　倍尺の場合 5：1

　　例 3　縮尺の場合 1：2

b)　尺度の値は，**表 6** による．

表 6　推奨する尺度

種別	推奨する尺度		
現尺	1：1		
倍尺	50：1	20：1	10：1
	5：1	2：1	
縮尺	1：2	1：5	1：10
	1：20	1：50	1：100
	1：200	1：500	1：1000
	1：2000	1：5000	1：10000

10　図形の表し方

10.1　投影図の表し方

10.1.1　一般事項　一般事項は，次による．

a)　対象物の情報を最も明りょうに示す投影図を，主投影図又は正面図とする．

b)　他の投影図（断面図を含む.）が必要な場合には，あいまいさがないように，
完全に対象物を規定するのに必要，かつ，十分な投影図及び断面図の数とする．

c)　可能な限り隠れた外形線及びエッジを表現する必要のない投影図を選ぶ．

10.1.2　主投影図　主投影図は，次による．

a)　主投影図には，対象物の形状・機能を最も明りょうに表す面を描く．
なお，対象物を図示する状態は，図面の目的に応じて，次のいずれかによる．

　1)　組立図など，主として機能を表す図面では，対象物を使用する状態．

　2)　部品図など，加工のための図面では，加工に当たって図面を最も多く利用
する工程で，対象物を置く状態．

　3)　特別の理由がない場合には，対象物を横長に置いた状態．

b)　主投影図を補足する他の投影図は，できるだけ少なくし，主投影図だけで表
せるものに対しては，他の投影図は描かない（**図21**）．

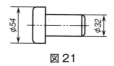

図21

10.1.7　補助投影図　斜面部がある対象物で，その斜面の実形を表す必要がある場合には，次によって補助投影図で表す．

a)　対象物の斜面の実形を図示する必要がある場合には，その斜面に対向する位置
に補助投影図として表す（**図29**）．この場合，必要な部分だけを部分投影図又
は局部投影図で描いてもよい．

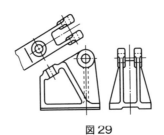

図29

10.2　断面図

10.2.1　**一般事項**　一般事項は，次による．

a)　隠れた部分を分かりやすく示すために，断面図として図示することができる．断面図の図形は，切断面を用いて対象物を仮に切断し，切断面の手前の部分を取り除き，**10.1** に従って描く．

c)　切断面の位置を指示する必要がある場合には，両端及び切断方向の変わる部分を太くした細い一点鎖線を用いて指示する．投影方向を示す必要がある場合には，細い一点鎖線の両端に投影方向を示す矢印を描く．また，切断面を識別する必要がある場合には，矢印によって投影方向を示し，ラテン文字の大文字などの記号によって指示し，参照する断面の識別記号は矢印の端に記入する（**図 33**）．断面の識別記号（例えば，A–A）は，断面図の直上又は直下に示す（**図 33**）．

d)　断面の切り口を示すために，ハッチングを施す場合には，切り口は次による．

　　1)　ハッチングは，細い実線で，主たる中心線に対して 45° に施すのがよい．

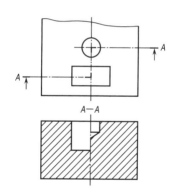

図 33　断面の指示及びハッチングをずらした例

10.2.2　**全断面図**　全断面図の表し方は，次による．

a)　通常，対象物の基本的な形状を最もよく表すように切断面を決めて描く（**図 36，図 37**）．この場合には，切断線は記入しない．

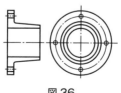

図 36

図 37

10.3　図形の省略

10.3.1　一般事項　図示を必要とする部分を分かりやすくするために，次のように示すのがよい．

a)　かくれ線は，理解を妨げない場合には，これを省略する．

b)　補足の投影図に見える部分を全部描くと，図がかえって分かりにくくなる場合には，部分投影図（**図 57**）又は補助投影図（**図 59**）として表す．

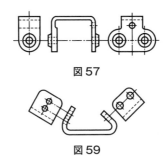

図 57

図 59

10.4　特殊な図示方法

10.4.1　二つの面の交わり部　二つの面が交わる部分（相貫部分）を表す線は，次による．

b)　曲面相互又は曲面と平面とが交わる部分の線（相貫線）は，直線で表すか［**図 75a)，d)**］，正しい投影に近似させた円弧で表す［**図 75g)**］．

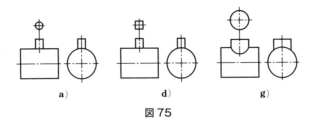

a)　　　　　　　　　d)　　　　　　　　　g)

図 75

11 寸法記入方法

11.1 一般事項 一般事項は，次による．

a) 対象物の機能，製作，組立などを考えて，図面に必要不可欠な寸法を明りょうに指示する．

c) 寸法は，寸法線，寸法補助線，寸法補助記号などを用いて，寸法数値によって示す．

d) 寸法は，なるべく主投影図に集中して指示する．

k) 円弧の部分の寸法は，円弧が180°までは半径で表し，それを超える場合には直径で表す．

11.2 寸法補助線 寸法補助線は，次による．

a) 寸法は，通常，寸法補助線を用いて寸法線を記入し（**図93**），この上側に寸法数値を指示する．

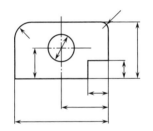

図93 寸法補助線及び寸法線の例

11.3 寸法線 寸法線は，次による．

a) 寸法線は，指示する長さ又は角度を測定する方向に平行に引き（**図98**），線の両端には端末記号を付ける．

a) 辺の長さ寸法 　　 **d)** 角度寸法

図98

11.4　寸法数値　寸法数値は，次によって指示する.

a)　長さの寸法数値は，通常はミリメートルの単位で記入し，単位記号は付けない.

b)　角度寸法の数値は，一般に度の単位で記入し，必要がある場合には，分及び秒を併用してもよい. 度，分，秒を表すには，数字の右肩にそれぞれ単位記号 °，′，″ を記入する.

　　例1　90°，22.5°，6°21′5″（又は 6°21′05″），8°0′12″（又は 8°00′12″），3′21″
角度寸法の数値をラジアンの単位で記入する場合には，その単位記号 rad を記入する.

　　例2　0.52 rad，π/3rad

c)　寸法数値の小数点は，下の点とし，数字の間を適切にあけて，その中間に大きめに書く. また，寸法数値のけた数が多い場合でもコンマは付けない.

　　例　123.25　12.00　22320

d)　寸法記入は，特に定める累進寸法記入法の場合を除き，次による.

1)　寸法数値は，水平方向の寸法線に対しては図面の下辺から，垂直方向の寸法線に対しては図面の右辺から読めるように指示する. 斜め方向の寸法線に対しても，これに準じて書く（**図110**）.

2)　寸法数値は，寸法線を中断しないで，これに沿ってその上側にわずかに離して記入する. この場合，寸法線のほぼ中央に指示するのがよい（**図110**）.

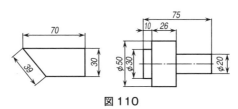

図110

h)　寸法補助線を引いて記入する直径の寸法が対称中心線の方向に幾つも並ぶ場合には，各寸法線はなるべく同じ間隔に引き，小さい寸法を内側に，大きい寸法を外側にして寸法数値をそろえて記入する（**図116**）.

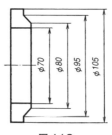

図116

11.6　寸法補助記号

11.6.2　半径の表し方　半径の表し方は，次による．

a)　半径の寸法は，半径の記号 R を寸法数値の前に寸法数値と同じ大きさで指示する［**図 130a)**］．ただし，半径を示す寸法線を円弧の中心まで引く場合には，この記号を省略してもよい［**図 130b)**］．

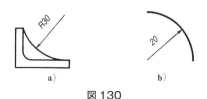

図 130

11.6.3　直径の表し方　直径の表し方は，次による．

a)　180° を超える円弧又は円形の図形に直径の寸法を記入する場合で，寸法線の両端に端末記号が付く場合には，寸法数値の前に直径の記号 φ は記入しない（**図 138**）．ただし，引出線を用いて寸法を記入する場合には，直径の記号 φ を記入する（**図 139**）．

b)　円形の一部を欠いた図形で寸法線の端末記号が片側の場合は，半径の寸法と誤解しないように，直径の寸法数値の前に φ を記入する（**図 138**）．

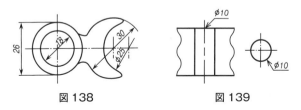

図 138　　　　　　　　図 139

c)　対象とする部分の断面が円形であるとき，その形を図に表さないで，円形であることを示す場合には，直径記号 φ を寸法数値の前に，寸法数値と同じ文字高さで記入する（**図 139**，**図 140**）．

図 140

索　引

著 者 略 歴

磯 田　　浩
<small>いそ　だ　　ひろし</small>

1947年　東京帝国大学第一工学部機械工学科卒業
　　　　東京大学名誉教授　工学博士
2003年　逝去
主 要 著 書
図学総論　基礎図学　図学教程（共著）　図形科学ハンド
ブック（分担執筆）　第三角法図学演習　製図基本（共著）
演習図学と製図（共著）

鈴 木 賢 次 郎
<small>すず　き　けん　じ　ろう</small>

1968年　東京大学工学部航空学科卒業
1973年　東京大学工学系大学院博士課程修了
現　在　東京大学名誉教授　（独）大学改革支援・学位
　　　　授与機構名誉教授　工学博士
主 要 著 書
図学入門（共著）　シンセティック CAD（共編）　CG ハン
ドブック（分担執筆）　演習図学と製図（共著）　3D-CAD/
CG 入門（共著）The Visual Language of Technique（分担執筆）

ライブラリ工学基礎＝1

<small>工学
基礎</small>　**図学と製図[第3版]**

1984年 2 月10日 ⓒ　　　　　　初 版 発 行
2001年 3 月25日 ⓒ　　　　　　新訂第 1 刷発行
2018年 7 月25日 ⓒ　　　　　　第 3 版 1 刷発行
2023年 3 月25日　　　　　　　　第 3 版 5 刷発行

著 者　磯 田　　浩　　　　発行者　森 平 敏 孝
　　　　鈴 木 賢 次 郎　　　印刷者　大 道 成 則

発行所　　**株式会社 サイエンス社**

〒151-0051　東京都渋谷区千駄ケ谷 1 丁目 3 番25号
営業 ☎(03)5474-8500㈹　　振替00170-7-2387
編集 ☎(03)5474-8600㈹
FAX ☎(03)5474-8900

印刷・製本　太洋社
《検印省略》

サイエンス社のホームページのご案内
http://www.saiensu.co.jp
ご意見・ご要望は
rikei@saiensu.co.jp　まで．

ISBN978-4-7819-1427-5

PRINTED IN JAPAN